楽しみながら学力アップ！

小学生の理科クイズ1000

新装改訂版

学習理科クイズ研究会 著

Q ヒトの体の中の血管の長さは
すべてあわせると
地球 2 周分より長い。
○か×か?

問題:p14 Q097
答えは p16 だよ

Q 地球には衛星が1個あるけど
木星にはいくつの衛星がある?

問題:p100 Q783
答えは p102 だよ

Q トウモロコシの実から出る
ひげのようなものは、何?

問題:p44 Q330
答えは p46 だよ

Q タコに心臓は
いくつある?

問題:p120 Q949
答えは p122 だよ

メイツ出版

※カバーのイラストはイメージです

はじめに

この本《ほん》には、「物理《ぶつり》」「化学《かがく》」「生物《せいぶつ》」「地学《ちがく》」といった、理科《りか》で学習《がくしゅう》するすべての分野《ぶんや》の問題《もんだい》がぎっしりつまっています。出題数《しゅつだいすう》は、なんと全部《ぜんぶ》で1000問《もん》！ 学校《がっこう》のテストや中学入試《ちゅうがくにゅうし》に出《で》る問題《もんだい》はもちろんのこと、身《み》の回《まわ》りの不思議《ふしぎ》や科学手品《かがくてじな》から最新《さいしん》の科学技術《かがくぎじゅつ》、ニュートンやガリレオといった偉大《いだい》な科学者《かがくしゃ》のことなど、学校《がっこう》では学《まな》ばないような、理科《りか》や科学《かがく》に関《かん》する楽《たの》しい雑学問題《ざつがくもんだい》もいっぱいです。

出題《しゅつだい》は、三択問題《さんたくもんだい》やクロスワード、穴《あな》うめなど、みなさんの大好《だいす》きなクイズ形式《けいしき》。まるまる1冊《さつ》ゲーム感覚《かんかく》で最後《さいご》まで楽《たの》しむうちに、理科《りか》の知識《ちしき》がみるみる身《み》についていくことでしょう！ また、答《こた》えの欄《らん》や欄外《らんがい》の「マメ知識《ちしき》」には、補足解説《ほそくかいせつ》やミニ情報《じょうほう》も満載《まんさい》です。こちらもあわせてチェックすれば、より理解《りかい》が深《ふか》まるのはもちろん、ついつい友《とも》だちに話《はな》したくなる意外《いがい》な発見《はっけん》もあることでしょう。

※本書は2017年発行の『楽しみながら学力アップ！ 小学生の理科クイズ1000』の改訂にあたり、内容を確認のうえ、新規問題への変更・加筆修正を行ったうえ、装丁を変更して発行しています。

学習理科《がくしゅうりか》クイズ研究会《けんきゅうかい》

Q001

こん虫《ちゅう》の成虫《せいちゅう》の体《からだ》は、頭《あたま》、むね、はらの３つの部分《ぶぶん》からできている。では、どこにあしはついているかな？

① 頭《あたま》
② むね
③ はら

Q002

植物《しょくぶつ》は、葉《は》にある何《なん》というすき間《ま》から水蒸気《すいじょうき》を出《だ》す？

① 気《き》こう　② 師管《しかん》　③ 道管《どうかん》

Q003

タンポポの花《はな》びらは1枚《まい》にくっついて見《み》えるけど、本当《ほんとう》は何枚《なんまい》？

① １枚《まい》　② ５枚《まい》　③ 100枚《まい》

Q004

ものが燃《も》えるためには、［Ⓐ］と高《たか》い［Ⓑ］と燃《も》えるものの３つの要素《ようそ》が必要《ひつよう》だ。ⒶⒷに入《はい》る言葉《ことば》は何《なに》？

Q005

ダイヤモンドを人工的《じんこうてき》に作《つく》ることができる。
○か×か？

Q006

赤茶色《あかちゃいろ》になった古《ふる》い10円玉《えんだま》にタバスコをかけ、しばらくそのままにしておくとどうなるだろう？

① ピカピカの銅色《どういろ》になる。
② 10円玉《えんだま》のもようがとける。
③ 変化《へんか》は起《お》きない。

Q007

次《つぎ》の３つのヒントは、何《なん》という生《い》き物《もの》について説明《せつめい》したものかな？


ヒント①…地球最大《ちきゅうさいだい》の魚《さかな》といわれているよ。

ヒント②…サメのなかまだよ。

ヒント③…体《からだ》のもようが、じんべえ羽《ば》織《おり》という和服《わふく》に似《に》ているから、その名前《なまえ》がついたよ。

Q008

次《つぎ》のうち、温度計《おんどけい》の目《め》もりの読《よ》み方《かた》で正《ただ》しいのはどれ？

マメ知識《ちしき》　Q001の、こん虫《ちゅう》の体《からだ》には、ふつう羽《はね》が４枚《まい》、あしが６本《ぼん》ついているよ。

4ページの答《こた》えは6ページ

Q009

スチールウールを燃《も》やしたとき、あとに残《のこ》るものとは？

① 酸化銀《さんかぎん》
② 酸化銅《さんかどう》
③ 酸化鉄《さんかてつ》

Q010

スチールウールを燃《も》やす前《まえ》と燃《も》やしたあと、重《おも》さはどうなる？

① 重《おも》くなる
② 軽《かる》くなる
③ 変《か》わらない

Q011

スチールウールを燃《も》やすと、色《いろ》が変《か》わるけど、何色《なにいろ》になる？

① 銀《ぎん》　② 茶《ちゃ》　③ 黒《くろ》

Q012

ＣＤ《シーディー》やＤＶＤ《ディーブイディー》の表面《ひょうめん》は、見《み》た目《め》の通《とお》りツルツルだ。○か×か？

Q013

絶滅《ぜつめつ》のおそれがある野生《やせい》の生《い》き物《もの》をリスト（一覧表《いちらんひょう》）の形《かたち》にまとめたものを何《なん》という？

① ブラックリスト
② ホワイトリスト
③ レッドリスト

Q014

自然環境《しぜんかんきょう》に大《おお》きな変化《へんか》がないかぎり、食《た》べる生《い》き物《もの》より食《た》べられる生《い》き物《もの》のほうが数《かず》が多《おお》いというバランスがある。では、いちばん少《すく》ない生《い》き物《もの》は次《つぎ》のうち、どれ？

① 植物《しょくぶつ》　② 微生物《びせいぶつ》
③ 草食動物《そうしょくどうぶつ》　④ 肉食動物《にくしょくどうぶつ》

Q015

地球上《ちきゅうじょう》の森林《しんりん》が減少《げんしょう》すると、空気《くうき》中《ちゅう》の何《なに》の割合《わりあい》がふえる？

① 酸素《さんそ》
② 二酸化炭素《にさんかたんそ》
③ ちっ素《そ》

Q016

消《け》しゴムで紙《かみ》に書《か》いた鉛筆《えんぴつ》の字《じ》（黒鉛《こくえん》のつぶ）が消《き》えるのはどうしてだろう？

① 消《け》しゴムで紙《かみ》をけずっているから
② 黒鉛《こくえん》のつぶを、消《け》しゴムのかすが包《つつ》みこむから
③ 消《け》しゴムの成分《せいぶん》が黒鉛《こくえん》の成分《せいぶん》を打《う》ち消《け》すから

マメ知識《ちしき》
Q014のような、生態系《せいたいけい》のつながりを「食物連鎖《しょくもつれんさ》」という。

5ページの答《こた》えは7ページ

Q017

地震《じしん》が起《お》こるおもな原因《げんいん》はどれ？

① 月《つき》の重力《じゅうりょく》が地球《ちきゅう》の地面《じめん》に働《はたら》くから

② 地球表面《ちきゅうひょうめん》の岩盤《がんばん》やプレートが、ずれたりはね返《かえ》ったりするから

③ 地球《ちきゅう》が自転《じてん》でゆれるから

Q018

電磁石《でんじしゃく》では、電流《でんりゅう》の進《すす》む方向《ほうこう》に対《たい》して、何回《なにまわ》りの磁力《じりょく》ができる？

① 右回《みぎまわ》り　② 左回《ひだりまわ》り

③ 電流《でんりゅう》が強《つよ》いと右回《みぎまわ》り、弱《よわ》いと左回《ひだりまわ》り

Q019

人間《にんげん》の骨《ほね》の数《かず》は、人《ひと》によってまちまちだ。○か×か？

Q021

大昔《おおむかし》に生《い》きていた恐竜《きょうりゅう》のことが、現在《げんざい》、わかるのはなぜ？

① 生《い》きている恐竜《きょうりゅう》が発見《はっけん》されたから

② 壁画《へきが》や記録《きろく》に残《のこ》されていたから

③ 化石《かせき》が見《み》つかったから

Q022

季節《きせつ》によって毛《け》の色《いろ》が変《か》わる動物《どうぶつ》がいるよ。夏《なつ》と冬《ふゆ》で毛《け》の色《いろ》がまったくちがう色《いろ》に変《か》わる動物《どうぶつ》は次《つぎ》のうちのどれ？

① ホッキョクグマ

② ニホンノウサギ

③ キタキツネ

Q020

ガスバーナーの使《つか》い方《かた》の説明《せつめい》として、まちがえているのはどれ？

① ガスライターで火《ひ》をつけるとき、空気《くうき》とガスの調節《ちょうせつ》ねじが開《ひら》いていることを確《たし》かめてから、元《もと》せんをあける。

② 点火《てんか》したら、炎《ほのお》を見《み》ながらガスの調節《ちょうせつ》ねじで炎《ほのお》の大《おお》きさを調節《ちょうせつ》する。

③ ガス調節《ちょうせつ》ねじをおさえたまま、空気調節《くうきちょうせつ》ねじを回《まわ》し、青《あお》い炎《ほのお》にする。

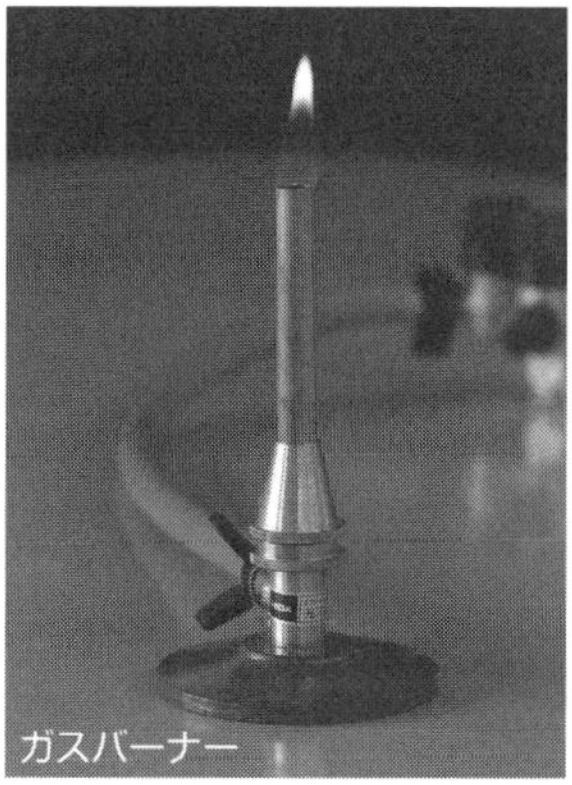

ガスバーナー

3ページの答《こた》え

Q001 ②　Q002 ①　Q003 ② タンポポはたくさんの花《はな》が集《あつ》まっているよ。1つ1つの小《ちい》さな花《はな》の花《はな》びらは、5枚《まい》がくっつき1枚《まい》のように見《み》えるんだ。　Q004 Ⓐ…酸素《さんそ》(または空気《くうき》)、Ⓑ…温度《おんど》　Q005 ○　Q006 ① タバスコにふくまれる酸《さん》で、10円玉表《えんだまひょう》面《めん》の酸化銅《さんかどう》がとけて、ピカピカの銅色《どういろ》に戻《もど》るよ。　Q007 ジンベエザメ　Q008 ②

マメ知識《ちしき》

Q021の恐竜《きょうりゅう》は、およそ6600万年前《まんねんまえ》に絶滅《ぜつめつ》したと考《かんが》えられているよ。

Q023

ヒトの胃《い》は1つだけど、ウシはいくつある？

① 1つ　② 2つ
③ 3つ　④ 4つ

Q024

長《なが》ぐつやレインコートなど、電気《でんき》を通《とお》しにくいゴム製品《せいひん》を身《み》につけていれば、人《ひと》に雷《かみなり》が落《お》ちることはない。○か×か？

Q025

髪《かみ》の毛《け》は、1か月《げつ》でどれぐらいのびる？

① 約《やく》0.1mm〜0.5mm
② 約《やく》5mm〜1cm
③ 約《やく》5cm〜10cm

Q026

熱《ねつ》をよく反射《はんしゃ》する色《いろ》は？

① 黒《くろ》　② 白《しろ》　③ 赤《あか》　④ 青《あお》

Q027

ものが水《みず》の上《うえ》に浮《う》いているとき、浮力《ふりょく》の大《おお》きさと、ものの重《おも》さの関《かん》係《けい》として正《ただ》しいのは？

① 等《ひと》しい
② 浮力《ふりょく》の方《ほう》が大《おお》きい
③ ものの重《おも》さの方《ほう》が重《おも》い

Q028

磁石《じしゃく》のN極《エヌきょく》は A 、S極《エスきょく》は B の方角《ほうがく》を表《あらわ》すよ。AとBに入《はい》る方角《ほうがく》の組《く》み合《あ》わせとして、正《ただ》しいものは？

① A一東《ひがし》　B一北《きた》
② A一北《きた》　B一西《にし》
③ A一北《きた》　B一南《みなみ》
④ A一東《ひがし》　B一西《にし》

Q029

バイオマスとは、どんな再生資源《さいせいしげん》のこと？

① 生物《せいぶつ》からできた再生可能資源《さいせいかのうしげん》
② 鉱物《こうぶつ》からできた再生可能資源《さいせいかのうしげん》
③ プラスチックからできた再生可能資源《さいせいかのうしげん》

Q030

私《わたし》たちが地球上《ちきゅうじょう》で見《み》ている太陽《たいよう》の光《ひかり》は、いつの光《ひかり》？

① 光《ひか》った瞬間《しゅんかん》の光《ひかり》
② 光《ひか》ってから、約《やく》8分《ぶん》20秒後《びょうご》の光《ひかり》
③ 光《ひか》ってから10年後《ねんご》の光《ひかり》

4ページの答《こた》え

Q009 ③　Q010 ① 燃《も》やしたとき、酸素《さんそ》と結《むす》びつくので、その分《ぶん》、重《おも》くなるんだ。　Q011 ③　Q012 ×…レーザーを反射《はんしゃ》するためのみぞがたくさんあるよ。レーザーの反射《はんしゃ》を電気信号《でんきしんごう》にして音《おと》を出《だ》しているんだ。　Q013 ③ 国際自然保護連合《こくさいしぜんほごれんごう》が1966年《ねん》から発表《はっぴょう》しているよ。　Q014 ④　Q015 ②　Q016 ②

マメ知識《ちしき》　Q029のバイオマスは、これからの資源《しげん》として、さらなる利用《りよう》が期待《きたい》されている。

Q031

虫《むし》メガネなどの凸《とつ》レンズに日光《にっこう》を当《あ》てると、光《ひかり》が一点《いってん》に集《あつ》まる。この点《てん》を何《なん》という？

① しょう点《てん》　② しゅう点《てん》
③ せっ点《てん》

Q032

自分《じぶん》で光《ひか》る星《ほし》を恒星《こうせい》という。恒星《こうせい》の色《いろ》は星《ほし》の表面温度《ひょうめんおんど》によって決《き》まるけど、次《つぎ》の色《いろ》の星《ほし》のうちで、いちばん表面温度《ひょうめんおんど》が高《たか》い星《ほし》はどれ？

① 青《あお》
② 白《しろ》
③ 黄色《きいろ》
④ 赤《あか》

Q033

サクラは、花以外《はないがい》からも甘《あま》い蜜《みつ》を出《だ》すんだ。それはどこからかな？

① 葉《は》　② 幹《みき》　③ 根《ね》

Q034

受精卵《じゅせいらん》からつくる細胞《さいぼう》で、体《からだ》のいろいろな細胞《さいぼう》になる能力《のうりょく》をもっている細胞《さいぼう》はどれ？

① ＣＳ細胞《シーエスさいぼう》　② ＢＳ細胞《ビーエスさいぼう》
③ ＤＳ細胞《ディーエスさいぼう》　④ ＥＳ細胞《イーエスさいぼう》

Q035

電磁石《でんじしゃく》は、コイルの巻《ま》き方《かた》や乾電《かんでん》池《ち》のつなぎ方《かた》を逆《ぎゃく》にすると、Ｎ極《エヌきょく》とＳ極《エスきょく》が逆《ぎゃく》になる。○か×か？

Q036

化学薬品《かがくやくひん》のあつかい方《かた》として、正《ただ》しいのはどれ？

① 直接《ちょくせつ》においをかぐ。
② 化学薬品《かがくやくひん》の液《えき》を熱《ねっ》するときは、遠《とお》くから見《み》ない。
③ 直接《ちょくせつ》、手《て》でふれない。

Q037

地下深《ちかふか》くにあるマグマの熱《ねつ》を利用《りよう》して行《おこな》う発電方法《はつでんほうほう》を何《なん》という？

① 地熱発電《ちねつはつでん》　② 火山発電《かざんはつでん》
③ 地下発電《ちかはつでん》

Q038

空気《くうき》の量《りょう》１Ｌあたりの重《おも》さは、１円玉《えんだま》より重《おも》いよ。どれぐらい？

① 約《やく》1.3ｇ　② 約《やく》2.6ｇ
③ 約《やく》3.9ｇ

Q039

空気《くうき》にふくまれる気体《きたい》のなかで、もっとも重《おも》い気体《きたい》は？

① 酸素《さんそ》　② 二酸化炭素《にさんかたんそ》
③ 塩素《えんそ》　④ ちっ素《そ》

5ページの答《こた》え

Q017 ②　Q018 ① 右《みぎ》ネジを回《まわ》す方向《ほうこう》になることから、「右《みぎ》ネジの法則《ほうそく》」という。　Q019 ○…骨《ほね》の数《かず》はおよそ200個《こ》くらいだけど、年齢《ねんれい》によってもちがい、正確《せいかく》には決《き》まっていないんだ。　Q020 ① 空気《くうき》とガスの調節《ちょうせつ》ねじは、必《かなら》ず「しまっている」ことを確認《かくにん》すること！　Q021 ③　Q022 ② 毛《け》の色《いろ》は春《はる》から秋《あき》までは茶色《ちゃいろ》、冬《ふゆ》は白《しろ》に変《か》わるよ。白《しろ》い毛《け》なら、雪《ゆき》の中《なか》で敵《てき》に見《み》つかりにくいよ。

マメ知識《ちしき》　Q037の発電方式《はつでんほうしき》は、火山《かざん》の多《おお》い東北地方《とうほくちほう》や九州地方《きゅうしゅうちほう》などで実用化《じつようか》されているよ。

Q040

地球上《ちきゅうじょう》で最大《さいだい》の動物《どうぶつ》であるシロナガスクジラの体長《たいちょう》は、最大《さいだい》でどれくらい？

① 14m　② 24m　③ 34m

Q041

鏡《かがみ》がくもると見《み》えなくなるのは、鏡《かがみ》の表面《ひょうめん》が水滴《すいてき》ででこぼこして光《ひかり》の反射《はんしゃ》が乱《みだ》れるから。○か×か？

Q042

地上《ちじょう》の植物《しょくぶつ》の多《おお》くは、水蒸気《すいじょうき》をおもに葉《は》の表《おもて》、裏《うら》のどちらからさかんに出《だ》している？

① 表《おもて》
② 裏《うら》
③ どちらも差《さ》はない

Q043

こん虫《ちゅう》の羽《はね》は、体《からだ》のどこについているかな？

① 頭《あたま》　② むね　③ はら

Q044

次《つぎ》のうち地球上《ちきゅうじょう》でもっとも種類《しゅるい》も数《かず》も多《おお》い生《い》き物《もの》のなかまはどれ？

① 鳥類《ちょうるい》　② は虫類《ちゅうるい》
③ 魚類《ぎょるい》　④ こん虫《ちゅう》

Q045

ヒトは、ねむっているとき、ノンレムすい眠《みん》(深《ふか》いねむり)とレムすい眠《みん》(浅《あさ》いねむり)をくり返《かえ》している。夢《ゆめ》を見《み》ることが多《おお》いのは、どちらのすい眠《みん》のとき？

① ノンレムすい眠《みん》
② レムすい眠《みん》
③ どちらとも関係《かんけい》がない

Q046

海《うみ》には潮《しお》の満《み》ち引《ひ》き(満潮《まんちょう》と干潮《かんちょう》)が、1日《にち》に2回《かい》ずつあるよ。これは何《なに》によって起《お》きている？

① 気温《きおん》の変化《へんか》で海《うみ》の水《みず》の体積《たいせき》が変《か》わるため
② 海《うみ》の水《みず》が月《つき》の引力《いんりょく》に引《ひ》っ張《ぱ》られるため
③ 風《かぜ》と波《なみ》の影響《えいきょう》

Q047

下《した》のカードを並《なら》べかえて、気圧《きあつ》の単位《たんい》「hPa」の読《よ》み方《かた》を完成《かんせい》させよう！

ル　ク　カ

パ　ヘ　ト　ス

6ページの答《こた》え

Q023 ④ ウシは消化《しょうか》されにくい草《くさ》を食《た》べるので、4つの胃《い》を使《つか》って消化《しょうか》するんだ。　Q024 ×…雷《かみなり》は電気《でんき》の通《とお》しやすさとは無関係《むかんけい》に、地上《ちじょう》につき出《で》た物《もの》に目《め》がけて落《お》ちる性質《せいしつ》がある。　Q025 ②　Q026 ②　Q027 ①　Q028 ③ N極《エヌきょく》は英語《えいご》の「North《ノース》(北《きた》)」、S極《エスきょく》は「South《サウス》(南《みなみ》)」という意味《いみ》だよ。　Q029 ①　Q030 ② 光《ひかり》が太陽《たいよう》から地球《ちきゅう》に届《とど》くまで、8分《ぷん》19秒《びょう》かかるんだ。

マメ知識《ちしき》　Q047の「気圧《きあつ》」の単位《たんい》は、天気予報《てんきよほう》などでよく耳《みみ》にするよ。

9ページの答《こた》えは11ページ

Q048

アメリカにあるグランドキャニオンは、世界最大《せかいさいだい》の峡谷《きょうこく》だ。この谷《たに》はどうやってできた？

① 地震《じしん》によって山脈《さんみゃく》が崩《くず》れてできた。
② 隕石《いんせき》が落《お》ちてできた。
③ 川《かわ》の流《なが》れで土地《とち》がけずられてできた。

グランドキャニオン

Q049

血液《けつえき》の色《いろ》が青《あお》い生《い》き物《もの》は、次《つぎ》のうち、どれ？

① イカ　② サル
③ カエル

Q050

川《かわ》に大量《たいりょう》のよごれた水《みず》をそのまま流《なが》すと、海《うみ》に大量《たいりょう》のプランクトンが発生《はっせい》することがある。これを何《なん》という？

① 赤潮《あかしお》　② 青潮《あおしお》　③ 黒潮《くろしお》

Q051

すっぱいものを食《た》べても、あまく感《かん》じさせてしまうフルーツがある。それは何《なん》というフルーツ？

① ドラゴンフルーツ
② パッションフルーツ
③ ミラクルフルーツ

Q052

マンボウという魚《さかな》は、あるひれがない。それは腹《はら》びれと何《なに》？

① 背《せ》びれ
② しりびれ
③ 尾《お》びれ

マンボウ

Q053

1回《かい》の産卵《さんらん》でわずか1～2個程度《こていど》しか卵《たまご》を産《う》まない魚《さかな》は次《つぎ》のうち、どれ？

① サケ　② マグロ
③ マダイ　④ ネコザメ

7ページの答《こた》え

Q031 ①　Q032 ① 青《あお》っぽく見《み》える星《ほし》は非常《ひじょう》に温度《おんど》が高《たか》く、リゲルという星《ほし》は約《やく》1万《まん》2000℃にもなるよ。　Q033 ① 葉《は》の蜜腺《みつせん》とよばれるところから、蜜《みつ》を出《だ》すよ。　Q034 ④ 病気《びょうき》になった臓器《ぞうき》などもつくり直《なお》すことができるので、再生医療《さいせいいりょう》の研究《けんきゅう》が進《すす》められているんだ。　Q035 ○　Q036 ③　Q037 ①　Q038 ① 1円玉《えんだま》(約《やく》1g)よりも重《おも》いのだ！　Q039 ③

マメ知識《ちしき》 Q048のグランドキャニオンは長《なが》さ約《やく》450km、深《ふか》さの平均《へいきん》は約《やく》1200mにもなる！

10ページは、理科《りか》の授業《じゅぎょう》で使《つか》う道具《どうぐ》の問題《もんだい》だよ。写真《しゃしん》を見《み》て、その道具《どうぐ》の名前《なまえ》を答《こた》えてね。

Q054

これは何《なに》？

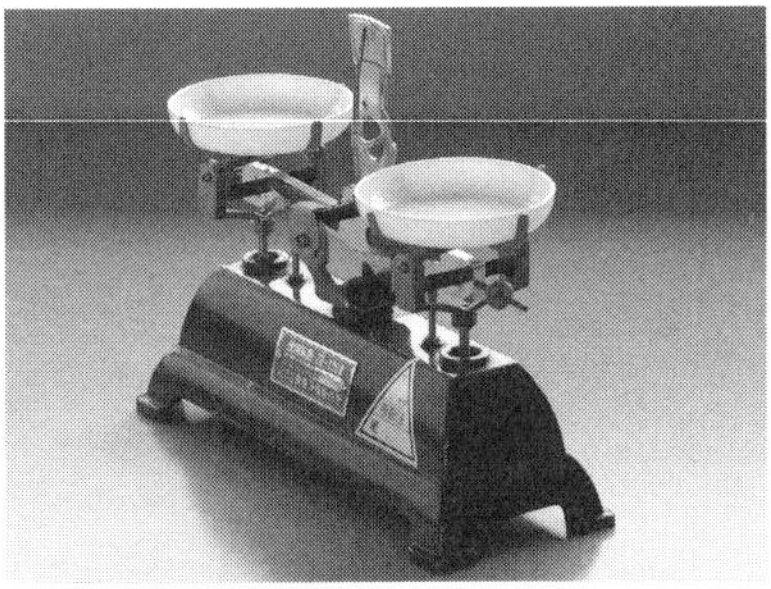

Q055

これは何《なに》？

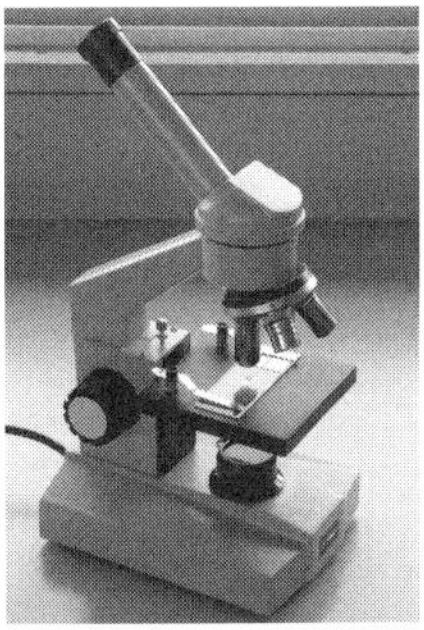

Q056

これは何《なに》？

Q057

これは何《なに》？

Q058

これは何《なに》？

Q059

これは何《なに》と何《なに》？

8ページの答《こた》え

Q040 ③ 体長《たいちょう》は20～34m、大人《おとな》のおすの平均《へいきん》は約《やく》25m、めすは約《やく》26m。 Q041 ○ Q042 ② Q043 ② Q044 ④ その数《かず》は3000～5000万種《まんしゅ》ともいわれる。 Q045 ② Q046 ② 月《つき》の引力《いんりょく》が、地球上《ちきゅうじょう》の海水《かいすい》にも影響《えいきょう》をあたえるんだ。 Q047 ヘクトパスカル 単位《たんい》の「パスカル」は物理学者《ぶつりがくしゃ》パスカルにちなむ。「ヘクト」は「100」という意味《いみ》。

マメ知識《ちしき》 Q056は、決《き》められた条件《じょうけん》で正確《せいかく》な気温《きおん》を測《はか》るために設置《せっち》されるものだ。

11ページの答《こた》えは13ページ

Q060

プランクトンという小《ちい》さな生《い》き物《もの》は、どれも光合成《こうごうせい》で養分《ようぶん》をつくっている。○か×か？

Q061

電磁石《でんじしゃく》のコイルに入《い》れるものを、鉄片《てっぺん》の代《か》わりにアルミニウムに変《か》えるとどうなる？

① 電磁石《でんじしゃく》は弱《よわ》くなる
② 電磁石《でんじしゃく》は強《つよ》くなる
③ 変《か》わらない

Q062

ナスの実《み》は、ふつう黒紫色《くろむらさきいろ》。では、光《ひかり》が当《あ》たらないと何色《なにいろ》になる？

① うす紫《むらさき》
② 緑《みどり》
③ 白《しろ》
④ 変《か》わらない

Q063

植物《しょくぶつ》の種子《しゅし》が発芽《はつが》するには、適当《てきとう》な量《りょう》の空気《くうき》や Ⓐ 、 Ⓑ が必要《ひつよう》だ。ⒶⒷに入《はい》る２つの言葉《ことば》は何《なに》？

Q064

ものが熱《ねつ》や光《ひかり》を出《だ》しながら、酸素《さんそ》と結《むす》びつくことを何《なん》という？

① 燃焼《ねんしょう》　② 酸化《さんか》　③ 蒸発《じょうはつ》

Q065

日本《にほん》の最高気温《さいこうきおん》は、2018年《ねん》に埼玉県熊谷市《さいたまけんくまがやし》と、2020年《ねん》に静岡県浜松市《しずおかけんはままつし》で記録《きろく》された。それは何《なん》℃？

① 40.2℃
② 40.9℃
③ 41.1℃

Q066

虹《にじ》を真上《まうえ》から見《み》ると、どう見《み》えるかな？

① アーチ型《がた》
② 七色《なないろ》の棒《ぼう》
③ 円形《えんけい》

Q067

日《ひ》なたと日《ひ》かげの地面《じめん》の温度《おんど》は変《か》わらない。○か×か？

Q068

海《うみ》の水《みず》は塩《しお》がふくまれているから、なめるとしょっぱい。では、この塩《しお》は、どこでできたもの？

① 岩《いわ》などにふくまれていたもの
② 魚《さかな》などの海中《かいちゅう》の生物《せいぶつ》からできたもの
③ 海藻《かいそう》からとけ出《だ》したもの

9ページの答《こた》え

Q048 ③ 何千万年《なんぜんまんねん》もの年月《ねんげつ》の間《あいだ》、川《かわ》の流《なが》れで川底《かわぞこ》がえぐられてできた。 Q049 ① Q050 ① 赤潮《あかしお》の発生《はっせい》で、水中《すいちゅう》の酸素《さんそ》が減《へ》り、海《うみ》の生態系《せいたいけい》に大《おお》きな影響《えいきょう》をあたえるよ。 Q051 ③ ドングリほどの大《おお》きさの赤《あか》い木《き》の実《み》。舌《した》のすっぱい味《あじ》を感《かん》じる部分《ぶぶん》を、あまく感《かん》じるようにしてしまうんだ。 Q052 ③ 尾《お》びれに見《み》える部分《ぶぶん》は、背《せ》びれとしりびれの一部《いちぶ》が変化《へんか》したもの。 Q053 ④

マメ知識《ちしき》　Q060のプランクトンは、ギリシア語《ご》で「ただようもの」を意味《いみ》する言葉《ことば》が語源《ごげん》だ。

12ページの答《こた》えは14ページ

10ページの答《こた》え

Q054 上皿《うわざら》てんびん　実験用薬品《じっけんようやくひん》などの重《おも》さを量《はか》るのに使《つか》う。　Q055 (光学《こうがく》)けんび鏡《きょう》　肉眼《にくがん》では見《み》えない小《ちい》さなものを観察《かんさつ》するのに使《つか》う。　Q056 百葉箱《ひゃくようばこ》　Q057 フラスコ　三角形《さんかくけい》や丸形《まるがた》などがある。水溶液《すいようえき》の加熱《かねつ》・蒸留《じょうりゅう》などに使《つか》う。　Q058 ビーカー　液体《えきたい》をまぜたり量《りょう》を測《はか》ったりするのに使《つか》う。　Q059 試験管《しけんかん》と試験管立《しけんかんた》て　少量《しょうりょう》の薬品《やくひん》などの反応《はんのう》を観察《かんさつ》するのに使《つか》う。

Q069

タンポポには、昔《むかし》から日本《にほん》にあったカントウタンポポなどの「在来《ざいらい》種《しゅ》」と、明治時代以降《めいじじだいいこう》、日本《にほん》に入《はい》ってきたセイヨウタンポポなどの「外来種《がいらいしゅ》」がある。○か×か？

タンポポ

Q070

牛乳《ぎゅうにゅう》からプラスチックを作《つく》ることができる。○か×か？

Q071

真夏《まなつ》に、道路《どうろ》などで水《みず》をまいたように見《み》える現象《げんしょう》は？

① かげろう　② にげ水《みず》
③ 幻影《げんえい》

Q072

おもに砂《すな》からできている岩石《がんせき》を何《なん》という？

① れき岩《がん》　② 砂岩《さがん》
③ でい岩《がん》

Q073

電磁石《でんじしゃく》で、コイルの巻《ま》き数《すう》を増《ふ》やすと、磁力《じりょく》の強《つよ》さはどうなる？

① 弱《よわ》くなる
② 強《つよ》くなる　③ 変《か》わらない

Q074

日本《にほん》は「火山大国《かざんたいこく》」というけど、火《か》山《ざん》は日本《にほん》にしかない。○か×か？

Q075

遺伝子《いでんし》は、染色体《せんしょくたい》にふくまれている。染色体《せんしょくたい》は細胞《さいぼう》の何《なん》という部分《ぶぶん》に入《はい》っているのかな？

① 核《かく》　② 細胞膜《さいぼうまく》　③ 細胞質《さいぼうしつ》

Q076

染色体《せんしょくたい》は生《い》き物《もの》によって数《かず》が決《き》まっているんだけど、ヒトの染色体《せんしょくたい》の数《かず》は何本《なんぼん》？

① 23本《ぼん》　② 36本《ぼん》　③ 46本《ぼん》

Q077

上皿《うわざら》てんびんで重《おも》さをはかるとき、分銅《ふんどう》のあつかい方《かた》として正《ただ》しいのは？

① 指《ゆび》で持《も》つ
② ピンセットで持《も》つ
③ 水《みず》で洗《あら》ってから使《つか》う

マメ知識《ちしき》　Q075の染色体《せんしょくたい》は、アルカリ性《せい》の色素《しきそ》でよく色《いろ》が染《そ》まることから、名付《なづ》けられた。

13ページの答《こた》えは15ページ

Q078

空気《くうき》のない宇宙《うちゅう》では、音《おと》は聞《き》こえない。○か×か？

Q079

トンボの目《め》は、たくさんの小《ちい》さな目《め》が集《あつ》まった Ⓐ で形《かたち》や色《いろ》を感《かん》じとり、 Ⓑ で明《あか》るさを感《かん》じとる。ⒶとⒷに入《はい》るのはそれぞれ何《なに》？

Q080

世界最大級《せかいさいだいきゅう》の単一鏡《たんいつきょう》を用《もち》いて日本《にほん》がつくった天体望遠鏡《てんたいぼうえんきょう》はどれ？

① かぐや　② すばる

③ ひまわり

Q081

虫《むし》は植物《しょくぶつ》の葉《は》を食《た》べるが、葉《は》で虫《むし》を食《た》べる植物《しょくぶつ》もいる。○か×か？

Q082

コウテイペンギンは水中《すいちゅう》をどれくらいの深《ふか》さまでもぐれる？

① 約《やく》50m　② 約《やく》220m

③ 約《やく》410m　④ 約《やく》560m

Q083

自然《しぜん》の中《なか》で青《あお》い花《はな》びらのバラは見《み》られない。○か×か？

Q084

からのある卵《たまご》を産《う》む生《い》き物《もの》はどれ？

① ワシ　② フナ

③ カエル

Q085

次《つぎ》の３つのヒントは、どんな生《い》き物《もの》のなかまの説明《せつめい》だろう？

ヒント①…背骨《せぼね》がある。

ヒント②…水中《すいちゅう》に卵《たまご》を産《う》む。

ヒント③…子《こ》どものときはえら呼吸《こきゅう》、大人《おとな》になるとおもに肺呼吸《はいこきゅう》。

Q086

「東《ひがし》よりの風《かぜ》」、とは東《ひがし》に向《む》かってふく風《かぜ》だ。○か×か？

Q087

アブラナのように、花《はな》びらが１枚《まい》ずつはなれている花《はな》を何《なん》という？

① りべん花《か》　② 合《ごう》べん花《か》

③ お花《ばな》　④ め花《ばな》

Q088

ヒトの体《からだ》は、どのくらいの数《かず》の細胞《さいぼう》でできている？

① 600億個《おくこ》　② 6000億個《おくこ》

③ ６兆個《ちょうこ》　④ 60兆個《ちょうこ》

11ページの答《こた》え

Q060 ×…植物《しょくぶつ》プランクトンは光合成《こうごうせい》するけど、動物《どうぶつ》プランクトンはしない。　Q061 ①　Q062 ③ 紫外線《しがいせん》から実《み》を守《まも》る必要《ひつよう》がないため、アントシアニンという色素《しきそ》をつくらず、白《しろ》くなる。　Q063 Ⓐ…温度《おんど》(水《みず》) Ⓑ…水《みず》(温度《おんど》) 発芽《はつが》に適《てき》した温度《おんど》は植物《しょくぶつ》によってちがう。　Q064 ①　Q065 ③　Q066 ③　Q067 ×…日《ひ》なたは温《あたた》かく、日《ひ》かげは冷《つめ》たい。　Q068 ①

マメ知識《ちしき》　Q080の天体望遠鏡《てんたいぼうえんきょう》の主鏡《しゅきょう》が大《おお》きいほど、宇宙《うちゅう》からのごく小《ちい》さな光《ひかり》でも集《あつ》められるよ。

14ページの答《こた》えは16ページ

12ページの答《こた》え

Q069 ○…最近《さいきん》は在来種《ざいらいしゅ》と外来種《がいらいしゅ》との雑種《ざっしゅ》も多《おお》いよ。 Q070 ○…ボタンなどに利用《りよう》されているよ。 Q071 ② 道路周辺《どうろしゅうへん》の空《くう》気《き》が温《あたた》められ、空気《くうき》の密度《みつど》が小《ちい》さくなるため、光《ひかり》がくっ折《せつ》して起《お》こるんだ。 Q072 ② Q073 ② Q074 ×…世界中《せかいじゅう》にあるよ。 Q075 ① Q076 ③ Q077 ② どちらに分銅《ふんどう》を置《お》いても量《はか》れるけど、右《みぎ》に置《お》くことが多《おお》いんだ。

Q089

Aは何《なに》？

Q090

Bは何《なに》？

Q091

Cは何《なに》？

Q092

Dは何《なに》？

右《みぎ》は、植物《しょくぶつ》の光合成《こうごうせい》を説《せつ》明《めい》した図《ず》だよ。A～Dに入《はい》る言葉《ことば》を下《した》から選《えら》ぼう。

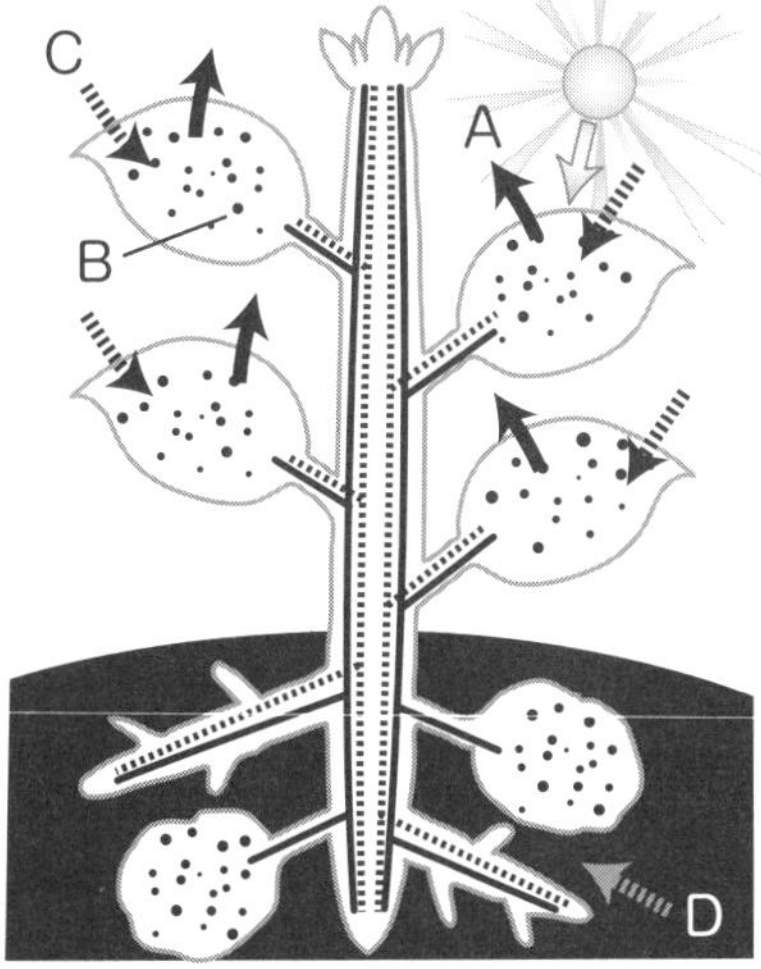

でんぷん　ヨウ素《そ》　酸素《さんそ》　二酸化炭素《にさんかたんそ》　水《みず》　水素《すいそ》　フッ素《そ》

Q093

コマや人工衛星《じんこうえいせい》は、回転《かいてん》することで姿勢《しせい》が安定《あんてい》する。これは何《なん》という効果《こうか》が働《はたら》いているから？

① ジャイロ効果《こうか》
② トレール効果《こうか》
③ バランス効果《こうか》

Q094

イチジクは漢字《かんじ》で「無花果《いちじく》」と書《か》くように、花《はな》は咲《さ》かない。○か×か？

Q095

次《つぎ》のうち、電気《でんき》を通《とお》す液体《えきたい》は？

① さとう水《みず》　② 精製水《せいせいすい》
③ 食塩水《しょくえんすい》

Q096

次《つぎ》のうち、もっとも高《たか》いところにあるのは？

① 国際宇宙《こくさいうちゅう》ステーション
② 静止衛星《せいしえいせい》
③ スペースシャトル

Q097

ヒトの体《からだ》の中《なか》にある血管《けっかん》の長《なが》さは、すべて合《あ》わせると地球《ちきゅう》2周分《しゅうぶん》より長《なが》い。○か×か？

Q098

次《つぎ》の生《い》き物《もの》のうち、体長《たいちょう》に比《くら》べて腸《ちょう》がもっとも長《なが》いのは？

① ヒト　② トラ　③ ヒツジ

マメ知識《ちしき》　Q095の電気《でんき》を通《とお》す水溶液《すいようえき》には、イオンというものがふくまれているんだ。

15ページの答《こた》えは17ページ

Q099

マラソン選手《せんしゅ》など、持久力《じきゅうりょく》が必要《ひつよう》な人《ひと》に多《おお》い筋肉《きんにく》は？

① 白色筋《はくしょくきん》　② 赤色筋《せきしょくきん》

③ 桃色筋《とうしょくきん》

Q100

葉《は》の緑色《みどりいろ》をぬき出《だ》すには、次《つぎ》のうちの、何《なに》につけるといいかな？

① エタノール

② 酢《す》　③ 炭酸水《たんさんすい》

Q101

東京《とうきょう》タワーがあるのに、2011年《ねん》に「東京《とうきょう》スカイツリー」がつくられたのはなぜ？

① 東京《とうきょう》タワーが古《ふる》くなったため

② 周《まわ》りに高《たか》いビルが多《おお》くなったから

③ 2011年《ねん》に始《はじ》まった地上《ちじょう》デジタル放送《ほうそう》の電波《でんぱ》を送《おく》るため

Q102

では、東京《とうきょう》スカイツリーの高《たか》さは、何《なん》m？

① 333m　② 469m

③ 634m

Q103

雲《くも》は、空気中《くうきちゅう》の水蒸気《すいじょうき》が上空《じょうくう》で冷《ひ》やされ、ちりなどと結《むす》びついて水《みず》や氷《こおり》のつぶとなったものだ。○か×か？

Q104

灰色《はいいろ》の雲《くも》と白《しろ》い雲《くも》のちがいは？

① 水《みず》や氷《こおり》のつぶの密度《みつど》

② 水《みず》のつぶの温度《おんど》

③ 雲《くも》の形《かたち》のちがいによる

Q105

塩酸《えんさん》と水酸化《すいさんか》ナトリウム水溶液《すいようえき》が、ちょうど反応《はんのう》すると何《なに》になる？

① 水酸化《すいさんか》ナトリウム

② 二酸化炭素《にさんかたんそ》

③ 食塩水《しょくえんすい》

Q106

地面《じめん》に近《ちか》い水蒸気《すいじょうき》が冷《つめ》たい空気《くうき》に冷《ひ》やされ、水《みず》のつぶになったもののうち、1km先《さき》のものが見《み》えるのが Ⓐ 、見《み》えなければ Ⓑ 。Ⓐと Ⓑに入《はい》るのは、それぞれ何《なに》？

Q107

強《つよ》いアルカリ性《せい》の水溶液《すいようえき》は、皮《ひ》ふをとかす。○か×か？

13ページの答《こた》え

Q078 ○…空気《くうき》のない宇宙《うちゅう》では、音《おと》は伝《つた》わらないんだ。　Q079 Ⓐ…複眼《ふくがん》　Ⓑ…単眼《たんがん》　Q080 ② ハワイ島《とう》のマウナケア山頂《さんちょう》にあるよ。　Q081 ○…食虫植物《しょくちゅうしょくぶつ》というよ。　Q082 ④　Q083 ○…遺伝子操作《いでんしそうさ》で人工《じんこう》のものは完成《かんせい》した。　Q084 ①　Q085 両生類《りょうせいるい》　Q086 ×…東《ひがし》の方《ほう》からふいてくる風《かぜ》のことだよ。　Q087 ①　Q088 ④

マメ知識《ちしき》　Q101の東京《とうきょう》スカイツリーは、東京都墨田区押上《とうきょうとすみだくおしあげ》にあるよ。

Q108

海底《かいてい》にある特《とく》に深《ふか》い場所《ばしょ》。それを何《なん》という？

Q109

インフルエンザやエイズなどの病《びょう》気《き》を引《ひ》き起《お》こす。

Q110

太陽《たいよう》にいちばん近《ちか》い惑星《わくせい》だ。

Q111

1つの受精卵《じゅせいらん》が、2つに分《わ》かれて産《う》まれた双子《ふたご》は？

Q112

恐竜《きょうりゅう》が生《い》きた「中生代《ちゅうせいだい》」と呼《よ》ばれる時代《じだい》は、3つに区分《くぶん》される。それは、三畳紀《さんじょうき》と白亜紀《はくあき》と何《なに》？

Q113

国際宇宙《こくさいうちゅう》ステーションで、日本《にほん》の実験室《じっけんしつ》の名前《なまえ》は？

Q114

では、国際宇宙《こくさいうちゅう》ステーションなど、宇宙《うちゅう》で活動《かつどう》を行《おこな》う人《ひと》は？

カ？コ？
↓
？イルス
↓
スイ？？
↓
イチ？？セイ
ソウ？？ジ
↓
ジュ？キ
↓
キ？？
↓
？チュウ
？？ウシ

14ページの答《こた》え

Q089 酸素《さんそ》　Q090 でんぷん　Q091 二酸化炭素《にさんかたんそ》　Q092 水《みず》　Q093 ①　Q094 ×…私《わたし》たちが食《た》べているのは、イチジクの実《み》ではなく、花《はな》の部分《ぶぶん》だよ。　Q095 ③　Q096 ② 高度《こうど》3万《まん》6000kmの赤道上《せきどうじょう》を円軌道《えんきどう》で回《まわ》るよ。　Q097 ○…地球《ちきゅう》2周《しゅう》と4分《ぶん》の1周《しゅう》するくらいの長《なが》さになる。　Q098 ③ ヒツジなどの草食動物《そうしょくどうぶつ》は、草《くさ》を消化《しょうか》・吸収《きゅうしゅう》するために長《なが》い腸《ちょう》が必要《ひつよう》。

マメ知識《ちしき》　Q108と反対《はんたい》に、陸地《りくち》のまわりの浅《あさ》い海底《かいてい》を大陸棚《たいりくだな》というよ。

Q115

環境《かんきょう》に適応《てきおう》した生物《せいぶつ》が栄《さか》え、適応《てきおう》できない生物《せいぶつ》はほろぶという考《かんが》え。

Q116

ゾウリムシやアメーバなど、１個《こ》の細胞《さいぼう》でできている生物《せいぶつ》は？

Q117

日本列島《にほんれっとう》で雨《あめ》が長《なが》く続《つづ》く時期《じき》。

Q118

日本《にほん》の地下《ちか》でぶつかるのは、太平《たいへい》洋《よう》プレート、北《きた》アメリカプレート、フィリピン海《かい》プレートと何《なに》？

Q119

１年間《ねんかん》で昼間《ひるま》がもっとも短《みじか》い日《ひ》。

Q120

地球気象《ちきゅうきしょう》を観測《かんそく》する「ひまわり」や陸地《りくち》を観測《かんそく》する「だいち」のこと。

Q121

宇宙空間《うちゅうくうかん》から地球《ちきゅう》に飛《と》んできて、燃《も》えずに地上《ちじょう》に落《お》ちたもの。

Q122

カイコのまゆからできる糸《いと》の名《な》前《まえ》は○○糸《いと》。

シ	？	？	ト	ウ	タ

↓

タ	ン	サ	？	ボ
ウ	セ	イ	ブ	？

↓

？	ユ

↓

ユ	ー	？	？	？
プ	レ	ー	ト	

↓

ト	？	？

↓

ジ	？	コ	ウ
エ	イ	セ	？

↓

？	ン	セ	？

↓

？	ヌ

15ページの答《こた》え

Q099 ② 赤色筋《せきしょくきん》は酸素《さんそ》を使《つか》って同《おな》じ力《ちから》で長《なが》く活動《かつどう》できる筋肉《きんにく》だよ。 Q100 ① Q101 ② 高《たか》いビルが周《まわ》りにあると、電波《でんぱ》がはね返《かえ》る障害《しょうがい》が起《お》きるため、背《せ》の高《たか》いタワーが必要《ひつよう》になったんだ。 Q102 ③ Q103 ○ Q104 ① Q105 ③
Q106 Ⓐ…もや Ⓑ…きり Q107 ○…皮《ひ》ふのタンパク質《しつ》をとかすので、ぬるぬるするよ。

マメ知識《ちしき》 Q116に対《たい》して、ヒトや鳥《とり》、こん虫《ちゅう》などは、多《おお》くの細胞《さいぼう》でできているので多細胞生物《たさいぼうせいぶつ》という。

18ページの答《こた》えは20ページ

Q123

ヒトやウシ、ネズミなどのほ乳類《にゅうるい》は、子《こ》どもを産《う》むけど、なかには卵《たまご》を産《う》むほ乳類《にゅうるい》もいる。○か×か？

Q124

植物《しょくぶつ》に日光《にっこう》を当《あ》てずに育《そだ》てると、茎《くき》は A なり、葉《は》の数《かず》が B くなる。AとBに入《はい》る組《く》み合《あ》わせとして、正《ただ》しいものはどれ？

① A―細《ほそ》く　B―多《おお》
② A―細《ほそ》く　B―少《すく》な
③ A―太《ふと》く　B―多《おお》
④ A―太《ふと》く　B―少《すく》な

Q125

自動車《じどうしゃ》メーカーのホンダが開発《かいはつ》した、人間型《にんげんがた》の二足歩行《にそくほこう》ロボットの名前《なまえ》は？

① AIBO《アイボ》
② ASIMO《アシモ》
③ PAPERO《パペロ》
④ PINO《ピノ》

Q126

電流《でんりゅう》の流《なが》れ方《かた》を調《しら》べる道具《どうぐ》は、次《つぎ》のうちどれ？

① 電圧計《でんあつけい》　② 検流計《けんりゅうけい》
③ 乾湿計《かんしつけい》

Q127

家庭《かてい》の電気《でんき》の電圧《でんあつ》は100V。では、雷《かみなり》の電圧《でんあつ》はどれぐらい？

① 数万《すうまん》V～数十万《すうじゅうまん》V
② 数百万《すうひゃくまん》V～数千万《すうせんまん》V
③ 数億《すうおく》～数十億《すうじゅうおく》V

Q128

蛍光灯《けいこうとう》に雷《かみなり》が落《お》ちると、どうなる？

① すごく明《あか》るく電気《でんき》がつく。
② ふつうに電気《でんき》がつく。
③ 割《わ》れてしまう。

Q129

髪《かみ》の毛《け》の寿命《じゅみょう》はどれくらい？

① 10日《か》～30日《にち》
② 半年《はんとし》～1年《ねん》
③ 4年《ねん》～6年《ねん》

Q130

電磁石《でんじしゃく》を利用《りよう》した、トンという短《みじか》い信号《しんごう》、ツーという長《なが》い信号《しんごう》の組《く》み合《あ》わせによる通信《つうしん》を何《なん》という？

① 電磁通信《でんじつうしん》　② モールス通信《つうしん》
③ トンツー式通信《しきつうしん》

Q131

サクラの代表格《だいひょうかく》、ソメイヨシノはクローンといえる。○か×か？

16ページの答《こた》え

Q108 カイコウ　漢字《かんじ》で書《か》くと「海溝《かいこう》」。　Q109 ウイルス　Q110 スイセイ　漢字《かんじ》で書《か》くと「水星《すいせい》」。　Q111 イチランセイソウセイジ　漢字《かんじ》で書《か》くと「一卵性双生児《いちらんせいそうせいじ》」。　Q112 ジュラキ　「ジュラ紀《き》」は約《やく》2億《おく》130万年《まんねん》～1億《おく》4500万年前《まんねんまえ》。　Q113 キボウ　ひらがなで「きぼう」だよ。　Q114 ウチュウヒコウシ　漢字《かんじ》で書《か》くと「宇宙飛行士《うちゅうひこうし》」。

マメ知識《ちしき》　Q127の雷《かみなり》の通《とお》り道《みち》の温度《おんど》は2～3万《まん》℃といわれるよ。

Q132

はさみには、てこが使《つか》われている。写真《しゃしん》のＡＢＣに入《はい》る語句《ごく》の正《ただ》しい組《く》み合《あ》わせを、①～④から選《えら》んでね。

① Ａ：支点《してん》 Ｂ：力点《りきてん》 Ｃ：作用点《さようてん》
② Ａ：力点《りきてん》 Ｂ：支点《してん》 Ｃ：作用点《さようてん》
③ Ａ：作用点《さようてん》 Ｂ：力点《りきてん》 Ｃ：支点《してん》
④ Ａ：作用点《さようてん》 Ｂ：支点《してん》 Ｃ：力点《りきてん》

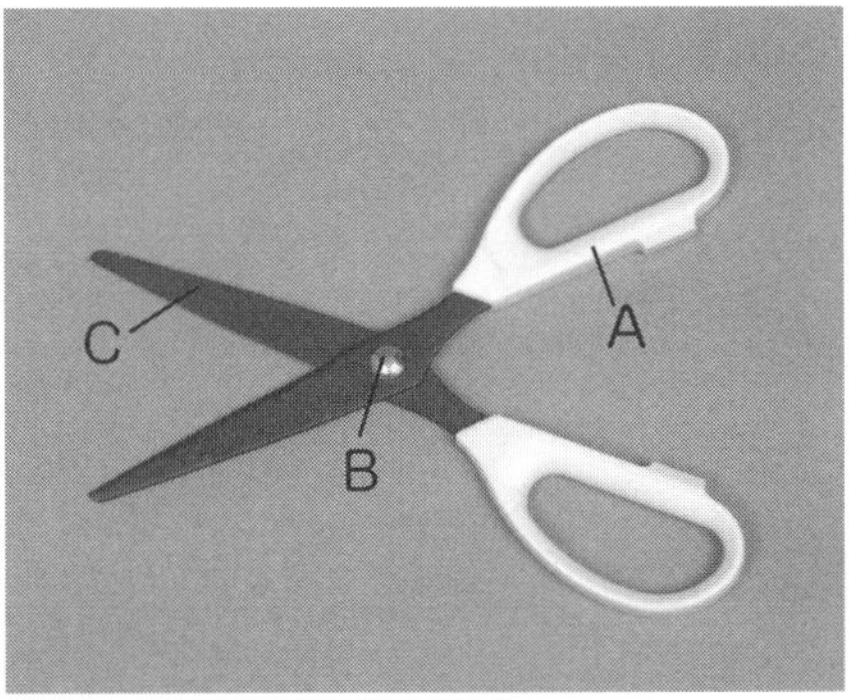

Q133

温度《おんど》がちがうとき、熱《ねつ》の移動《いどう》はどんなふうに起《お》こる？

① 温度《おんど》が高《たか》いものから低《ひく》いものへ
② 温度《おんど》が低《ひく》いものから高《たか》いものへ
③ 移動《いどう》は起《お》こらない

Q134

リニアモーターカーは、電磁石《でんじしゃく》の力《ちから》で浮上《ふじょう》する乗《の》り物《もの》のこと。○か×か？

Q135

ヒトの身長《しんちょう》について、正《ただ》しいのはどれ？

① 朝《あさ》は背《せ》が高《たか》く、夜《よる》は低《ひく》くなる。
② 朝《あさ》は背《せ》が低《ひく》く、夜《よる》は高《たか》くなる。
③ 朝《あさ》も夜《よる》も身長《しんちょう》は変《か》わらない。

Q136

心臓《しんぞう》は、縮《ちぢ》んだりもとにもどったりすることで、血液《けつえき》を送《おく》り出《だ》すポンプのはたらきをしている。この心臓《しんぞう》の動《うご》きを何《なん》という？

① 脈動《みゃくどう》
② 脈《みゃく》はく
③ はく動《どう》
④ 鼓動《こどう》

Q137

心臓《しんぞう》の動《うご》きと一緒《いっしょ》に血管《けっかん》がどきどきするリズムを、脈《みゃく》はくというよ。脈《みゃく》はくの回数《かいすう》を、はく動《どう》の回数《かいすう》と比《くら》べるとその数《かず》は？

① 同《おな》じ
② 多《おお》くなる
③ 少《すく》なくなる
④ とくに関連《かんれん》はない

17ページの答《こた》え

Q115 シゼントウタ 漢字《かんじ》で書《か》くと「自然淘汰《しぜんとうた》」。 Q116 タンサイボウセイブツ 漢字《かんじ》で書《か》くと「単細胞生物《たんさいぼうせいぶつ》」。 Q117 ツユ 漢字《かんじ》で書《か》くと「梅雨《つゆ》」。 Q118 ユーラシアプレート Q119 トウジ 漢字《かんじ》で書《か》くと「冬至《とうじ》」。 Q120 ジンコウエイセイ 漢字《かんじ》で書《か》くと「人工衛星《じんこうえいせい》」。 Q121 インセキ 漢字《かんじ》で書《か》くと「隕石《いんせき》」。 Q122 キヌ 漢字《かんじ》で書《か》くと「絹《きぬ》」。

マメ知識《ちしき》 Q134のリニアモーターカーの走《はし》る中央新幹線《ちゅうおうしんかんせん》は、2027年《ねん》に東京《とうきょう》—名古屋間《なごやかん》で開通予定《かいつうよてい》。

20ページの答《こた》えは22ページ

18ページの答《こた》え

Q123 ○…カモノハシなどは卵《たまご》を産《う》み、かえした後《あと》に授乳《じゅにゅう》して育《そだ》てるよ。 Q124 ② Q125 ② Q126 ② Q127 ③ Q128 ③ 大《おお》きな電流《でんりゅう》が一気《いっき》に流《なが》れて割《わ》れることがある。 Q129 ③ 1日《にち》に約《やく》100本《ほん》抜《ぬ》けている。 Q130 ② モールスという人《ひと》が発明《はつめい》した。 Q131 ○…ソメイヨシノは自分《じぶん》で種子《しゅし》をつくらず、人《ひと》が接《つ》ぎ木《き》などで増《ふ》やすため、遺伝子《いでんし》がどれも同《おな》じ。

右《みぎ》は、けんび鏡《きょう》の図《ず》だ。A～Kに入《はい》る、各部分《かくぶぶん》の名称《めいしょう》を答《こた》えよう。

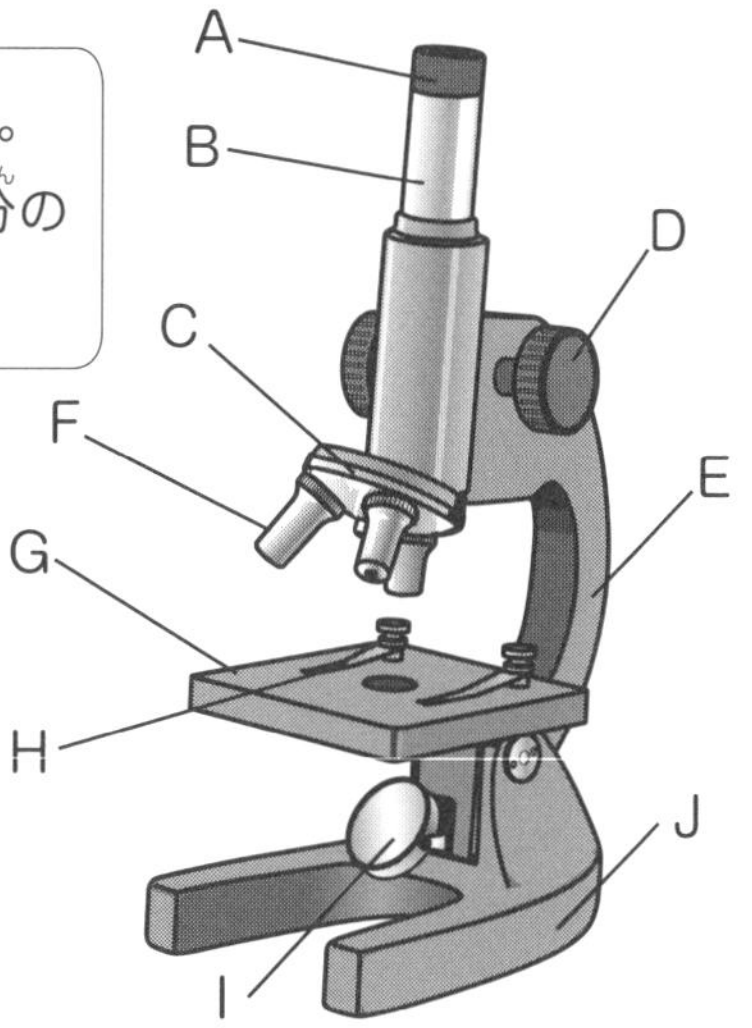

Q138

Aは何《なに》レンズ？

Q139

Bは何《なに》？

Q140

Cは何《なに》？

Q141

Dは何《なに》ねじ？

Q142

Eは何《なに》？

Q143

Fは何《なに》レンズ？

Q144

Gは何《なに》？

Q145

Hは何《なに》？

Q146

Iは何《なに》？

Q147

Jは何《なに》？

Q148

上《うえ》の図《ず》のDを回《まわ》すと何《なに》が動《うご》く？

Q149

次《つぎ》の3つのヒントは、どんなものについての説明《せつめい》かな？

ヒント①…けんび鏡《きょう》などで、観察《かんさつ》するものを見《み》るときに作《つく》る標本《ひょうほん》。

ヒント②…観察《かんさつ》するものをスライドガラスにのせて、上《うえ》からカバーガラスをかける。

ヒント③…この標本《ひょうほん》をけんび鏡《きょう》で見《み》たとき、像《ぞう》を左上《ひだりうえ》に動《うご》かすには、これを右下《みぎした》に動《うご》かす。

Q150

標高《ひょうこう》2500m以上《いじょう》の高《たか》い山《やま》では、背《せ》の高《たか》い木《き》は育《そだ》ちにくい。○か×か？

マメ知識《ちしき》 けんび鏡《きょう》の原型《げんけい》は、1590年《ねん》ごろ、オランダのヤンセン親子《おやこ》が発明《はつめい》したという説《せつ》がある。

21ページの答《こた》えは23ページ

Q151

次《つぎ》の３つのヒントは、どんな気《き》体《たい》について説明《せつめい》したものかな？

ヒント①…空気《くうき》に21%くらい
ふくまれている。
ヒント②…ものを燃《も》やす
働《はたら》きがある。
ヒント③…植物《しょくぶつ》が光合成《こうごうせい》を行《おこな》うとき、
空気中《くうきちゅう》に出《だ》す。

Q152

「光年《こうねん》」とは距離《きょり》を表《あらわ》す単位《たんい》のこと。１光年《こうねん》はどれぐらいの距離《きょり》かな？

① １兆《ちょう》8600億《おく》km
② ２兆《ちょう》1050億《おく》km
③ ４兆《ちょう》6800億《おく》km
④ ９兆《ちょう》4600億《おく》km

Q153

アジサイの花《はな》の花《はな》びらのように見《み》える部分《ぶぶん》は、花《はな》びらではない。○か×か？

Q154

現在《げんざい》の動物《どうぶつ》のうち、もっとも大《おお》きな細胞《さいぼう》は、ダチョウの卵黄《らんおう》だ。○か×か？

Q155

地面《じめん》をはうように進《すす》むヘビは、どこで音《おと》を感《かん》じ取《と》る？

① 目《め》
② 鼻《はな》
③ あご

Q156

飛行機雲《ひこうきぐも》の正体《しょうたい》は何《なに》？

① エンジンから出《で》るけむり
② 排気《はいき》ガスにふくまれる水蒸気《すいじょうき》
③ 飛行機《ひこうき》からまいた水《みず》

Q157

次《つぎ》のうち、磁石《じしゃく》にくっつくものはどれとどれ？

① ガラスのコップ

② アルミニウムはく

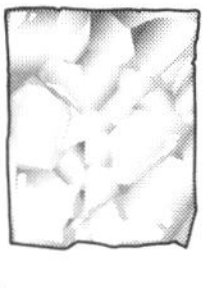

③ 10円玉《えんだま》

④ 鉄製《てつせい》クリップ

⑤ 使《つか》い捨《す》てかいろ

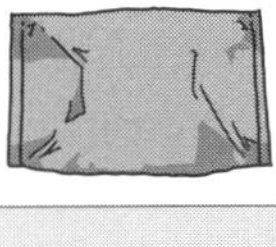

Q158

ヒトは、１日《にち》にどれぐらいの空気《くうき》を吸《す》うといわれているかな？

① 約《やく》１万《まん》L ② 約《やく》３万《まん》L
③ 約《やく》６万《まん》L

19ページの答《こた》え

Q132 ② Q133 ① 両方《りょうほう》のものの温度《おんど》が同《おな》じになると、見《み》かけ上《じょう》の熱《ねつ》の移動《いどう》は止《と》まる。 Q134 ×…地下鉄《ちかてつ》などで使《つか》われているリニアモーターカーは車輪《しゃりん》があり、浮上《ふじょう》していない。前《まえ》に進《すす》む動力《どうりょく》に電磁石《でんじしゃく》を使《つか》う。 Q135 ① 起《お》き上《あ》がっていると、背骨《せぼね》と背《せ》骨《ほね》の間《あいだ》にあるクッション(椎間板《ついかんばん》)が頭《あたま》の重《おも》さなどで縮《ちぢ》むので、朝《あさ》と夜《よる》では0.2～1cmちがう。 Q136 ③ Q137 ①

マメ知識《ちしき》 磁石《じしゃく》には、鉄《てつ》でできているものがくっつくんだ。

22ページの答《こた》えは24ページ

20ページの答《こた》え

Q138 接眼《せつがん》レンズ　Q139 つつ（鏡筒《きょうとう》）　Q140 レボルバー　Q141 調節《ちょうせつ》ねじ　Q142 うで（アーム）　Q143 対物《たいぶつ》レンズ
Q144 ステージ(のせ台《だい》)　Q145 クリップ(とめ金《がね》)　Q146 鏡《かがみ》(反射鏡《はんしゃきょう》)　Q147 鏡台《きょうだい》(鏡脚《きょうきゃく》)　Q148 つつ(鏡筒《きょうとう》)
Q149 プレパラート　Q150 ○…標高《ひょうこう》2000m以上《いじょう》の山《やま》では風《かぜ》が強《つよ》くて木《き》が折《お》れやすく、背《せ》の高《たか》い木《き》は育《そだ》ちにくいよ。

Q159

ヒトのように、赤《あか》ちゃんを子宮《しきゅう》の中《なか》で育《そだ》てる生《い》き物《もの》は、次《つぎ》のうち、どれとどれ？　陸《りく》にすむ生《い》き物《もの》だけでなく、海《うみ》にすむものもいるよ。

① フラミンゴ　② ライオン　③ イルカ　④ カメ

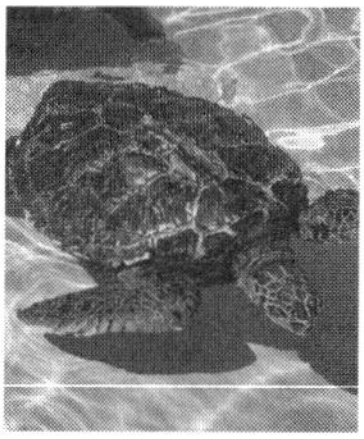

Q160

子宮《しきゅう》の中《なか》で育《そだ》つ子《こ》どものまわりは［Ⓐ］で満《み》たされ、子《こ》どもは［Ⓑ］で母親《ははおや》の［Ⓒ］とつながっている。ⒶⒷⒸそれぞれに入《はい》る言葉《ことば》は何《なに》かな？

Q161

ヒトは受精《じゅせい》してから、およそ何週間《なんしゅうかん》で赤《あか》ちゃんが産《う》まれる？

① 28週《しゅう》　② 38週《しゅう》
③ 58週《しゅう》

Q162

こん虫《ちゅう》の頭《あたま》にある器官《きかん》のうち、まわりの様子《ようす》を感《かん》じ取《と》るのは？

① 目《め》としょっ覚《かく》
② 口《くち》としょっ覚《かく》
③ 目《め》と口《くち》

Q163

ふだん、鏡《かがみ》では左右逆《さゆうぎゃく》にうつった像《ぞう》を見《み》ているよね。ところが、2枚《まい》の鏡《かがみ》をある角度《かくど》に開《ひら》くと、左右《さゆう》逆《ぎゃく》にならない像《ぞう》が見《み》られる。それは何度《なんど》かな？

① 45度《ど》　② 90度《ど》　③ 150度《ど》

Q164

植物《しょくぶつ》が体内《たいない》のよぶんな水《みず》を水蒸気《すいじょうき》として外《そと》に出《だ》すことを何《なん》という？

① 散水《さんすい》　② 発散《はっさん》　③ 蒸散《じょうさん》

Q165

鏡《かがみ》で全身《ぜんしん》を見《み》る場合《ばあい》、鏡《かがみ》は少《すく》なくとも身長《しんちょう》のどれぐらいの大《おお》きさが必要《ひつよう》？

① 身長《しんちょう》と同《おな》じ大《おお》きさ
② 身長《しんちょう》の半分《はんぶん》の大《おお》きさ
③ 身長《しんちょう》の3分《ぶん》の1

マメ知識《ちしき》　ヒトの赤《あか》ちゃんは母親《ははおや》の子宮《しきゅう》の中《なか》で身長《しんちょう》50cm、体重《たいじゅう》3kgくらいに成長《せいちょう》してから生《う》まれる。

Q166

電磁石《でんじしゃく》の鉄片《てっぺん》の磁石《じしゃく》の力《ちから》は、どこも同《おな》じである。○か×か？

Q167

石灰石《せっかいせき》は、どんな岩《いわ》の一種《いっしゅ》？

① 花崗岩《かこうがん》　② 火成岩《かせいがん》

③ たい積岩《せきがん》

Q168

しゃっくりは、体《からだ》の中《なか》のあるところがけいれんして起《お》こるんだ。それはどこ？

① 肺《はい》　② 胃《い》

③ 横隔膜《おうかくまく》

④ のどの声帯《せいたい》

Q169

生《い》き物《もの》はいつごろ、地球《ちきゅう》に誕生《たんじょう》した？

① 約《やく》２億年前《おくねんまえ》　② 約《やく》10億年前《おくねんまえ》

③ 約《やく》38億年前《おくねんまえ》　④ 約《やく》80億年前《おくねんまえ》

Q170

アジサイは同《おな》じ種類《しゅるい》でも、咲《さ》く場《ば》所《しょ》によって花《はな》の色《いろ》がちがうよ。これはなぜ？

① 日光《にっこう》の当《あ》たり具合《ぐあい》

② 土《つち》の性質《せいしつ》のちがい

③ 微生物《びせいぶつ》の影響《えいきょう》

Q171

警察犬《けいさつけん》などで活躍《かつやく》するのが、イヌのシェパード。イヌがにおいを感《かん》じとる細胞《さいぼう》の数《かず》は約何個《やくなんこ》？

① 約《やく》8000万個《まんこ》

② 約《やく》１億《おく》2500万個《まんこ》

③ 約《やく》２億個《おくこ》

Q172

計量《けいりょう》カップの底《そこ》にピンポン玉《だま》を入《い》れ、ピンポン玉《だま》がかくれるくらい米《こめ》を入《い》れる。電動歯《でんどうは》ブラシなどのスイッチを入《い》れて計量《けいりょう》カップにおし当《あ》てると、どうなる？

① ピンポン玉《だま》が上《うえ》に出《で》てくる。

② 米《こめ》が山《やま》をつくる。

③ 何《なに》も起《お》こらない。

Q173

海面《かいめん》や地表近《ちひょうちか》くで気温《きおん》がちがうと、空気《くうき》の密度《みつど》もちがうため光《ひかり》が曲《ま》げられて、景色《けしき》が浮《う》いたりゆがんだりして見《み》える現象《げんしょう》は何《なに》？

① しんきろう　② 幻影《げんえい》

③ ダイヤモンドダスト

Q174

タンポポは、地面《じめん》の上《うえ》に Ⓐ を広《ひろ》げて冬《ふゆ》をこす。Ⓐに入《はい》る植物《しょくぶつ》の体《からだ》の部分《ぶぶん》は何《なに》？

21ページの答《こた》え

Q151 酸素《さんそ》　Q152 ④ 光《ひかり》が１年間《ねんかん》に進《すす》む距離《きょり》だ。　Q153 ○…本当《ほんとう》はがくだよ。　Q154 ○…ヒトの卵細胞《らんさいぼう》は直径《ちょっけい》0.4mmだけど、ダチョウの卵黄《らんおう》は直径《ちょっけい》11cmもあるよ。　Q155 ③ あごを地面《じめん》につけ、伝《つた》わってくる音《おと》を感《かん》じ取《と》る。　Q156 ② 6000m以上《いじょう》の上《じょう》空《くう》では、飛行機《ひこうき》の排気《はいき》の中《なか》の水蒸気《すいじょうき》がこおって雲《くも》になる。　Q157 ④と⑤ かいろには鉄《てつ》の粉《こな》がふくまれている。　Q158 ①

マメ知識《ちしき》　Q171の警察犬《けいさつけん》の犬種《けんしゅ》は、ドーベルマンやコリー、ゴールデン・レトリーバーなどもいます。

24ページの答《こた》えは26ページ

Q175

電流《でんりゅう》が流《なが》れたときだけ鉄片《てっぺん》や鉄棒《てつぼう》が磁石《じしゃく》になるものを Ⓐ という。これに対《たい》し、つねに磁石《じしゃく》の力《ちから》があるものを Ⓑ という。ⒶとⒷに入《はい》るのは、それぞれ何《なに》？

Q176

夏《なつ》に南《みなみ》の低《ひく》い空《そら》にあるさそり座《ざ》の赤《あか》っぽい星《ほし》は何《なに》？

① ベガ

② アルタイル

③ アンタレス

Q177

お母《かあ》さんの子宮《しきゅう》の中《なか》の受精卵《じゅせいらん》は、何週目《なんしゅうめ》から心臓《しんぞう》をうち始《はじ》める？

① 4週目《しゅうめ》　② 8週目《しゅうめ》

③ 12週目《しゅうめ》

Q179

ヒトが太陽光《たいようこう》の下《した》にいると、日焼《ひや》けするのはなぜ？

① 皮《ひ》ふがこげるから

② メラニン色素《しきそ》がつくられるから

③ 紫外線《しがいせん》の色《いろ》がしみこむから

Q180

磁力《じりょく》が働《はたら》く範囲《はんい》を何《なん》という？

① 磁力線《じりょくせん》　② 磁界《じかい》　③ 磁極《じきょく》

Q181

上空《じょうくう》8000mの高《たか》さを飛《と》ぶ鳥《とり》がいる。それは次《つぎ》のうち、どれ？

① ハクトウワシ

② アネハヅル　③ キアシシギ

Q182

イチゴの表面《ひょうめん》の小《ちい》さなつぶつぶは、みんな種子《しゅし》である。○か×か？

Q178

グラフは、空気中《くうきちゅう》にふくまれる気《き》体《たい》の割合《わりあい》をしめしたものだ。AとBはそれぞれ何《なん》という気体《きたい》かな？

① A−酸素《さんそ》　B−ちっ素《そ》

② A−酸素《さんそ》　B−二酸化炭素《にさんかたんそ》

③ A−ちっ素《そ》　B−酸素《さんそ》

④ A−二酸化炭素《にさんかたんそ》　B−酸素《さんそ》

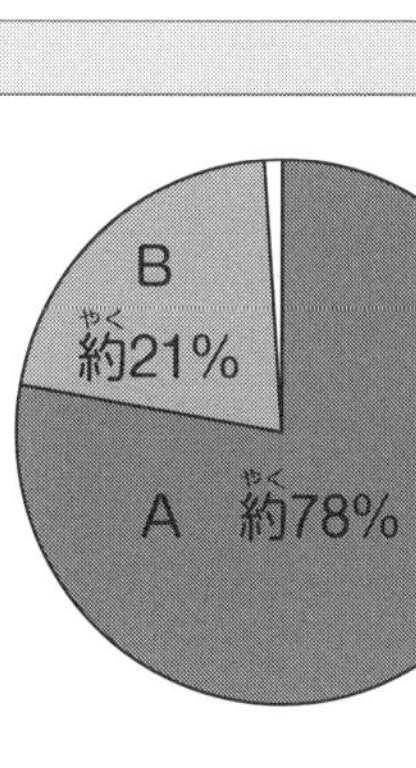

22ページの答《こた》え

Q159 ②と③ ほ乳類《にゅうるい》の多《おお》くは、受精卵《じゅせいらん》を子宮《しきゅう》の中《なか》で育《そだ》てて子《こ》どもを産《う》むよ。 Q160 Ⓐ…羊水《ようすい》 Ⓑ…へその緒《お》 Ⓒ…たいばん
Q161 ② Q162 ① 目《め》で感《かん》じるほか、しょっ覚《かく》でまわりの様子《ようす》を知《し》るよ。 Q163 ② 90度《ど》に開《ひら》いて真《ま》ん中《なか》に立《た》つと、左半分《ひだりはんぶん》が右《みぎ》の鏡《かがみ》に、右半分《みぎはんぶん》が左《ひだり》の鏡《かがみ》にうつるので、左右逆《さゆうぎゃく》にならない。 Q164 ③ Q165 ②

マメ知識《ちしき》　Q181の「上空《じょうくう》8000m」は、ヒマラヤ山脈級《さんみゃくきゅう》の山々《やまやま》の高《たか》さと同《おな》じだ。

Q183

次《つぎ》の生《い》き物《もの》のうち、こん虫《ちゅう》ではないのはどれ？

① クモ　② シオカラトンボ

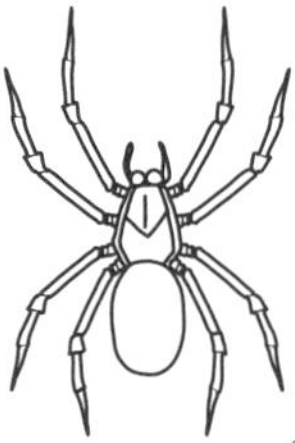

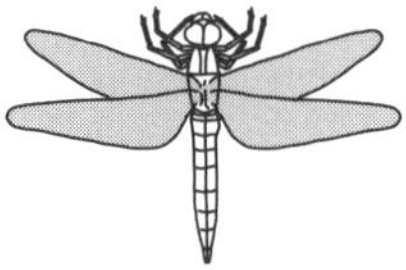

③ カブトムシ

Q184

日本《にほん》の天気《てんき》は、［Ⓐ］から［Ⓑ］へ変《へん》化《か》していく。

次《つぎ》の中《なか》からⒶとⒷを選《えら》ぼう。

Q185

1日《にち》のうちで太陽《たいよう》がいちばん高《たか》くなるのは正午《しょうご》。では、気温《きおん》がいちばん高《たか》くなるのは何時《なんじ》ごろ？

① 午前《ごぜん》10時《じ》ごろ
② 正午《しょうご》ごろ
③ 午後《ごご》2時《じ》ごろ

Q186

台風《たいふう》の中心《ちゅうしん》にある丸《まる》い穴《あな》を何《なん》という？

① 台風《たいふう》の耳《みみ》　② 台風《たいふう》の口《くち》
③ 台風《たいふう》の目《め》

Q187

日本《にほん》が初《はじ》めて打《う》ち上《あ》げた人工衛星《じんこうえいせい》の名前《なまえ》は？

① ひまわり
② おおすみ
③ だいち

Q188

2003年《ねん》に、国内最後《こくないさいご》の1羽《わ》が死《し》に、日本《にほん》では絶滅《ぜつめつ》してしまった鳥《とり》は次《つぎ》のうち、どれ？

① コウノトリ
② トキ
③ タンチョウヅル

Q189

磁石《じしゃく》にはN極《エヌきょく》、S極《エスきょく》があるよね。では、棒磁石《ぼうじしゃく》をまん中《なか》で切《き》ったとき、S極《エスきょく》の磁石《じしゃく》の反対側《はんたいがわ》は、何極《なにきょく》になるかな？

① S極《エスきょく》のまま
② N極《エヌきょく》になる
③ どちらでもない

23ページの答《こた》え

Q166 ×…鉄片《てっぺん》の両端《りょうたん》は、真《ま》ん中《なか》より磁石《じしゃく》の力《ちから》が強《つよ》いよ。 Q167 ③ Q168 ③ Q169 ③ Q170 ② 土《つち》が酸性《さんせい》だと青《あお》、アルカリ性《せい》だと赤《あか》くなる。 Q171 ③ ヒトのにおいをかぐ細胞《さいぼう》は約《やく》500万個《まんこ》というよ。 Q172 ① 振動《しんどう》をあたえると、米《こめ》が細《こま》かく動《うご》いて液体《えきたい》のように動《うご》くので、米《こめ》より軽《かる》いピンポン玉《だま》が浮《う》き上《あ》がる。 Q173 ① Q174 葉《は》

マメ知識《ちしき》　Q188の国内最後《こくないさいご》の1羽《わ》には、「キン」という名前《なまえ》が付《つ》けられていた。

24ページの答《こた》え

Q175 Ⓐ…電磁石《でんじしゃく》 Ⓑ…永久磁石《えいきゅうじしゃく》 Q176 ③ アンタレスは明《あか》るい一等星《いっとうせい》で、赤《あか》っぽい星《ほし》だよ。 Q177 ① このころ赤《あか》ちゃんの心《しん》臓《ぞう》ができるんだ。 Q178 ③ 残《のこ》り約《やく》1%は二酸化炭素《にさんかたんそ》など。 Q179 ② Q180 ② 磁場《じば》ともいう。 Q181 ② 小型《こがた》のツルで、渡《わた》りのとちゅうで高《たか》さ8000m以上《いじょう》のヒマラヤ山脈《さんみゃく》をこえる。 Q182 ×…イチゴのつぶつぶは実《み》で、中《なか》に種子《しゅし》が入《はい》っている。

26〜27ページは、天気記号《てんききごう》、風向《かざむ》き・風力《ふうりょく》の記号《きごう》、前線《ぜんせん》の記号《きごう》の問題《もんだい》だよ。それぞれの記号《きごう》は何《なに》を表《あらわ》しているのかな？ リストの中《なか》から ？ に入《はい》る答《こた》えを選《えら》んでね。

Q190

これは ？ の天気記号《てんききごう》だよ。

Q191

これは ？ の天気記号《てんききごう》だよ。

Q192

これは ？ の天気記号《てんききごう》だよ。

Q193

これは ？ の天気記号《てんききごう》だよ。

Q194

これは ？ の天気記号《てんききごう》だよ。

Q195

これは ？ の天気記号《てんききごう》だよ。

Q196

これは ？ の天気記号《てんききごう》だよ。

Q197

これは ？ の天気記号《てんききごう》だよ。

Q198

これは ？ の天気記号《てんききごう》だよ。

Q199

これは ？ の天気記号《てんききごう》だよ。

マメ知識《ちしき》 天気記号《てんききごう》は、地上付近《ちじょうふきん》の天気《てんき》を天気図《てんきず》で表《あらわ》すために用《もち》いられる。

Q200

これは［？］の
天気記号《てんききごう》だよ。

Q201

これは［？］の
天気記号《てんききごう》だよ。

Q202

これは［？］の
天気記号《てんききごう》だよ。

Q203

これは天気記号《てんききごう》に
付《つ》けて風向《かざむ》き・風力《ふうりょく》
を表《あらわ》す記号《きごう》だよ。
風向《かざむ》きは北《きた》。では、
風力《ふうりょく》はいくつ？

Q204

この記号《きごう》の天気《てんき》・
風向《かざむ》き・風力《ふうりょく》は？

Q205

これは［？］の
前線記号《ぜんせんきごう》だよ。

Q206

これは［？］の
前線記号《ぜんせんきごう》だよ。

Q207

これは［？］の
前線記号《ぜんせんきごう》だよ。

リスト

にわか雨《あめ》　みぞれ　あられ　快晴《かいせい》
温暖前線《おんだんぜんせん》　停滞前線《ていたいぜんせん》　くもり　霧《きり》
雨《あめ》　雪《ゆき》　晴《は》れ　ひょう　雨強《あめつよ》し　寒冷前線《かんれいぜんせん》
風力《ふうりょく》1　雪強《ゆきつよ》し　風力《ふうりょく》7　雷《かみなり》　風力《ふうりょく》9
にわか雪《ゆき》　地《じ》ふぶき　砂《さ》じん嵐《あらし》　霧雨《きりさめ》
北西《ほくさい》　北東《ほくとう》　南西《なんせい》　南東《なんとう》

25ページの答《こた》え

Q183 ①　Q184 Ⓐ…西《にし》　Ⓑ…東《ひがし》　日本《にほん》付近《ふきん》ではいつも偏西風《へんせいふう》が吹《ふ》いているので、天気《てんき》は西《にし》から東《ひがし》へ移《うつ》るよ。　Q185 ③　日光《にっこう》が地面《じめん》をあたためたあと、地面《じめん》の熱《ねつ》が空気《くうき》をあたためるからだ。　Q186 ③　Q187 ②　1970年《ねん》2月《がつ》11日《にち》に打《う》ち上《あ》げられた。
Q188 ②　Q189 ②　棒磁石《ぼうじしゃく》を半分《はんぶん》に切《き》っても、S極《エスきょく》だけ、N極《エヌきょく》だけの磁石《じしゃく》にはならないよ。

マメ知識《ちしき》
26〜27ページは、日本《にほん》で使《つか》われる天気記号《てんききごう》だよ(国際的《こくさいてき》に使《つか》われる天気記号《てんききごう》は複雑《ふくざつ》)。

26ページの答《こた》え

Q190 あられ Q191 にわか雨《あめ》 「雨《あめ》」の天気記号《てんききごう》の右下《みぎした》に、「にわか雨《あめ》」の「ニ」で表《あらわ》すよ。 Q192 ひょう Q193 みぞれ
Q194 雨《あめ》 Q195 快晴《かいせい》 Q196 晴《は》れ Q197 雷《かみなり》 Q198 雪《ゆき》 Q199 くもり

Q208

アンモニアの水溶液《すいようえき》を加熱《かねつ》しつづけると、最後《さいご》にはどうなる？

① 白《しろ》い粉《こな》が残《のこ》る
② 黒《くろ》くこげる
③ 何《なに》も残《のこ》らない

Q209

パンダは肉《にく》を食《た》べない。〇か×か？

Q210

パンダの前足《まえあし》には、指《ゆび》以外《いがい》に指《ゆび》の役割《やくわり》をする骨《ほね》がある。〇か×か？

Q211

世界一高《せかいいちたか》いといわれる木《き》は、アメリカのカリフォルニア州《しゅう》にあるスギ科《か》のセコイアメスギだ。およその高《たか》さはどのくらい？

① 10階建《かいだ》てのビルの高《たか》さ
② 20階建《かいだ》てのビルの高《たか》さ
③ 35階建《かいだ》てのビルの高《たか》さ

Q212

磁石《じしゃく》をコイルの近《ちか》くで回《まわ》すときや、コイルを磁石《じしゃく》の近《ちか》くで回《まわ》すときに、電流《でんりゅう》が流《なが》れる現象《げんしょう》を何《なん》という？

① 電流導《でんりゅうどう》 ② 電磁誘導《でんじゆうどう》
③ 電磁石《でんじしゃく》

Q213

秋《あき》になり、葉《は》の色《いろ》がまっ赤《か》になる植物《しょくぶつ》は、次《つぎ》のどれ？

① イチョウ
② カエデ
③ ムクロジ

Q214

100m走《そう》など、瞬発力《しゅんぱつりょく》の必要《ひつよう》な運動選手《うんどうせんしゅ》に多《おお》い筋肉《きんにく》は？

① 白色筋《はくしょくきん》 ② 赤色筋《せきしょくきん》
③ 桃色筋《とうしょくきん》

Q215

モンシロチョウの育《そだ》ち方《かた》の順番《じゅんばん》として、正《ただ》しいのはどれかな？

① 卵《たまご》→さなぎ→幼虫《ようちゅう》→成虫《せいちゅう》
② 卵《たまご》→幼虫《ようちゅう》→さなぎ→成虫《せいちゅう》
③ 卵《たまご》→幼虫《ようちゅう》→成虫《せいちゅう》→さなぎ

Q216

粘土《ねんど》や砂《すな》などが、川《かわ》や湖《みずうみ》、海《うみ》などの底《そこ》に積《つ》もって、長《なが》い年月《ねんげつ》の間《あいだ》におし固《かた》められたものを何《なん》という？

① 断層《だんそう》
② 土層《どそう》
③ 化石《かせき》
④ 地層《ちそう》

マメ知識《ちしき》 Q209～210のパンダは、コビトカバ、オカピとともに世界《せかい》3大珍獣《だいちんじゅう》に数《かぞ》えられる。

29ページの答《こた》えは31ページ

Q217

コアラはほとんど水《みず》を飲《の》まない動《どう》物《ぶつ》だ。○か×か？

コアラ

Q218

植物《しょくぶつ》の種子《しゅし》はいろいろな運《はこ》ばれ方《かた》をするんだ。ホウセンカの種子《しゅし》は、どんな運《はこ》ばれ方《かた》をするかな？

① タンポポのように風《かぜ》で飛《と》ばされる。

② 実《み》が割《わ》れて中《なか》の種子《しゅし》がはじけ飛《と》ぶ。

③ オナモミのように動物《どうぶつ》の毛《け》などにくっついて運《はこ》ばれる。

Q219

ヒトの体《からだ》の中《なか》の血管《けっかん》をすべて一直《いっちょく》線《せん》につなげると、成人《せいじん》の場合《ばあい》、どれぐらいの長《なが》さになる？

① 1ｍ　② 100m

③ 1万《まん》km　④ 10万《まん》km

Q220

次《つぎ》の野菜《やさい》や果物《くだもの》のうち、ビタミンCをいちばん多《おお》くふくむのは？

① レモン　② アセロラ

③ 赤《あか》ピーマン

④ ブロッコリー

Q221

条件《じょうけん》によって電気《でんき》が流《なが》れたり流《なが》れなかったりする物質《ぶっしつ》を何《なん》という？

① 導体《どうたい》　② 半導体《はんどうたい》

③ 不導体《ふどうたい》

Q222

高《たか》さ8849mのエベレスト山《さん》の頂《ちょう》上《じょう》近《ちか》くで、大昔《おおむかし》の貝《かい》の化石《かせき》が見《み》つかっている。それはなぜ？

① 山《やま》の上《うえ》にも貝《かい》がすんでいたから

② 昔《むかし》の動物《どうぶつ》が、食《た》べた貝《かい》を山《やま》の上《うえ》に捨《す》てたから

③ エベレスト山《さん》のあたりは大《おお》昔《むかし》、海底《かいてい》だったから

エベレスト山付近《さんふきん》の山々《やまやま》　©NASA

27ページの答《こた》え

Q200 雪強《ゆきつよ》し　雪《ゆき》の記号《きごう》に「強《つよ》し」を表《あらわ》す「ツ」を右下《みぎした》につけて表《あらわ》すよ。　Q201 霧《きり》　Q202 霧雨《きりさめ》　Q203 風力《ふうりょく》9　風力《ふうりょく》の強《つよ》さは、1本《ぽん》ずつ線《せん》を加《くわ》えていくことで表《あらわ》すよ。風力《ふうりょく》5なら、線《せん》が5本《ほん》だ。　Q204 天気《てんき》…快晴《かいせい》　風向《かぜむ》き…北東《ほくとう》　風力《ふうりょく》…1　Q205 停滞前線《ていたいぜんせん》　Q206 寒冷前線《かんれいぜんせん》　Q207 温暖前線《おんだんぜんせん》

マメ知識《ちしき》　Q217のコアラは、オーストラリア大陸《たいりく》に生息《せいそく》する動物《どうぶつ》。コアラ科《か》唯一《ゆいいつ》の現生種《げんせいしゅ》。

28ページの答《こた》え

Q208 ③ Q209 ×…パンダの主食《しゅしょく》はタケ。しかし、雑食性《ざっしょくせい》なので、木《き》の実《み》やリンゴ、肉《にく》なども食《た》べるよ。 Q210 ○…パンダの前足《まえあし》には、5本《ほん》の指《ゆび》のほか、手首《てくび》に種子骨《しゅしこつ》、副手根骨《ふくしゅこんこつ》という骨《ほね》が発達《はったつ》した指《ゆび》の役割《やくわり》をする部分《ぶぶん》があるよ。 Q211 ③ 約《やく》110mだ。 Q212 ② Q213 ② Q214 ① 白色筋《はくしょくきん》は瞬間的《しゅんかんてき》に大《おお》きな力《ちから》を出《だ》すことができるんだ。 Q215 ② Q216 ④

Q223

ダイヤモンドを燃《も》やすと、どうなる？

① 二酸化炭素《にさんかたんそ》になる。
② 酸素《さんそ》になる。
③ 変化《へんか》しない。

Q224

ダイヤモンドは、上《うえ》の面《めん》から入《はい》ってきた光《ひかり》が、内部《ないぶ》で反射《はんしゃ》・くっ折《せつ》をくり返《かえ》して美《うつく》しくかがやくようにカットするんだ。このカットをなんという？

① ダイヤモンドカット
② ブリリアントカット
③ クラウンカット

Q225

ダイヤモンドの原石《げんせき》をみがくと、美《うつく》しくかがやく。何《なに》を使《つか》ってみがくのかな？

① ダイヤモンドの粉《こな》
② レーザー光《こう》
③ サンドペーパー

Q226

江戸時代《えどじだい》、火事《かじ》のときには建物《たてもの》をこわして消火《しょうか》することがあった。
○か×か？

Q227

九州《きゅうしゅう》の鹿児島湾《かごしまわん》付近《ふきん》では、今《いま》から２万《まん》5000年《ねん》～３万年前《まんねんまえ》に、大《おお》きな火山噴火《かざんふんか》があり、そのときに Ⓐ が厚《あつ》く積《つ》もって、 Ⓑ 台地《だいち》ができた。ⒶとⒷに入《はい》るのは、それぞれ何《なに》？

Q228

牛乳《ぎゅうにゅう》のようにタンパク質《しつ》や脂肪《しぼう》の小《ちい》さなつぶが水中《すいちゅう》に分散《ぶんさん》して、透明《とうめい》でない液体《えきたい》を何《なん》という？

① 水溶液《すいようえき》
② コロイド溶液《ようえき》
③ 混合液《こんごうえき》

Q229

次《つぎ》のヒントは、ある星座《せいざ》について説明《せつめい》したものだよ。

何座《なにざ》について説明《せつめい》したものかな？


ヒント①…冬《ふゆ》の夕方《ゆうがた》、東《ひがし》の空《そら》に見《み》られる大《おお》きな３つ星《ぼし》が目印《めじるし》。

ヒント②…ギリシャ神話《しんわ》では、強《つよ》い狩人《かりゅうど》で、いばっていたために、神様《かみさま》がサソリに殺《ころ》させてしまった。

ヒント③…ベテルギウス、リゲルという星《ほし》がある。

マメ知識《ちしき》 Q223～225のダイヤモンドは、地球上《ちきゅうじょう》の全物質《ぜんぶっしつ》のなかでもっとも固《かた》い。

Q230

ヒトの骨《ほね》などをつくっているおもな成分《せいぶん》のひとつのカルシウムは、銀白色《ぎんはくしょく》の金属《きんぞく》である。○か×か？

Q231

次《つぎ》の原子《げんし》は、ふつう気体《きたい》だけど、そのうち、いちばん軽《かる》いのはどれ？

① 水素原子《すいそげんし》
② 塩素原子《えんそげんし》
③ 酸素原子《さんそげんし》

Q232

2つの棒磁石《ぼうじしゃく》、それぞれの両端《りょうたん》にクリップがくっついている。さて、棒磁石《ぼうじしゃく》どうしをくっつけるとクリップはどうなる？

① どちらも磁石《じしゃく》についたまま。
② クリップはすべて落《お》ちる。
③ 2つの磁石《じしゃく》をくっつけたところだけクリップは落《お》ちる。

Q233

1calは、1gの水《みず》の温度《おんど》を何《なん》℃上《あ》げるのに必要《ひつよう》な熱量《ねつりょう》？

① 0.5℃　② 1℃
③ 2℃　④ 3℃

Q234

次《つぎ》のヒントは、空気《くうき》と水《みず》、どっちを説明《せつめい》したものかな？

ヒント①…分子《ぶんし》どうしの間《あいだ》が広《ひろ》い。
ヒント②…注射器《ちゅうしゃき》などに閉《と》じこめ、ピストンをおすと縮《ちぢ》められる。
ヒント③…分子《ぶんし》どうしがくっつかないで、自由《じゆう》に動《うご》き回《まわ》っている。

Q235

宇宙《うちゅう》にはX線《エックスせん》などの観測方法《かんそくほうほう》を使《つか》っても正体《しょうたい》を突《つ》き止《と》められない謎《なぞ》の物質《ぶっしつ》があります。その物《ぶっ》質《しつ》を何《なん》という？

① ブラックホール
② ダークマター
③ ブラックボックス
④ ダークボックス

Q236

下《した》のカードを正《ただ》しく並《なら》べて、太陽《たいよう》系《けい》のいちばん外側《そとがわ》の惑星《わくせい》の名前《なまえ》を完成《かんせい》させよう！

イ	オ	セ
カ	イ	ウ

29ページの答《こた》え

Q217 ○…主食《しゅしょく》とするユーカリの葉《は》の成分《せいぶん》は半分《はんぶん》が水分《すいぶん》なので、ほとんど水《みず》は飲《の》まないんだ。 Q218 ② Q219 ④
Q220 ② 食《た》べられる部分《ぶぶん》100g中《ちゅう》に1700mgもふくまれている。①は約《やく》100mg、③は約《やく》170mg、④は約《やく》120mg。 Q221 ②
Q222 ③ エベレスト山《さん》のあるヒマラヤ山脈《さんみゃく》は、海底《かいてい》だったが、大地《だいち》の大《おお》きな運動《うんどう》で地上《ちじょう》におし上《あ》げられた。

マメ知識《ちしき》 Q233の「cal（カロリー）」はラテン語《ご》で「熱《ねつ》」を意味《いみ》する calor（カロル）から来《き》た言葉《ことば》だ。

32ページの答《こた》えは34ページ

Q237

春《はる》に花《はな》を咲《さ》かせるサクラは、どのようにして冬《ふゆ》をこす？

① 緑色《みどりいろ》の葉《は》をつけたまま冬《ふゆ》をこす。
② 葉《は》を落《お》とし、新《あたら》しい芽《め》をつけて冬《ふゆ》をこす。
③ 枯《か》れてしまい、冬《ふゆ》はこせない。

満開《まんかい》のサクラ

Q238

酢《す》づけにした食品《しょくひん》は、ふつうの状態《じょうたい》よりくさらずに長持《ながも》ちする。○か×か？

Q239

光《ひかり》の速《はや》さは、水《みず》の中《なか》では空気《くうき》の中《なか》よりおそくなる。○か×か？

Q240

ある物質《ぶっしつ》を液体《えきたい》ちっ素《そ》で―196℃以下《いか》に冷《ひ》やすと、電気抵抗《でんきていこう》（電気《でんき》の通《とお》りにくさ）がゼロになる現象《げんしょう》を何《なん》という？

① 超電帯《ちょうでんたい》　② 超電流《ちょうでんりゅう》
③ 超電導《ちょうでんどう》

Q241

ネコは鼻以外《はないがい》でも、においを感《かん》じ取《と》れる。○か×か？

Q242

Ⓐなどが固《かた》まってできた岩石《がんせき》を、「ぎょう灰岩《かいがん》」という。この岩《いわ》の層《そう》があれば、その層《そう》ができたころに火山《かざん》のⒷがあったと判断《はんだん》できる。ⒶとⒷに入《はい》るのは、それぞれ何《なに》？

Q243

これまで化石《かせき》が見《み》つかっている猿《えん》人《じん》の中《なか》で、「最古《さいこ》の人類《じんるい》」といわれているのは、およそどれくらい前《まえ》に生《い》きていた？

① 約《やく》700万年前《まんねんまえ》
② 約《やく》1300万年前《まんねんまえ》
③ 約《やく》2500万年前《まんねんまえ》
④ 約《やく》5000万年前《まんねんまえ》

30ページの答《こた》え

Q223 ① ダイヤモンドは、炭《すみ》と同《おな》じように炭素《たんそ》からできているので、燃《も》やすと二酸化炭素《にさんかたんそ》になってしまうんだ。 Q224 ② Q225 ① ダイヤモンドの粉《こな》を使《つか》ってみがくよ。 Q226 ○…建物《たてもの》をこわし、燃《も》えるものを取《と》りのぞいたんだ。 Q227 Ⓐ…火《か》山灰《ざんばい》 Ⓑ…シラス Q228 ② Q229 オリオン座《ざ》 おうし座《ざ》の東《ひがし》にある冬《ふゆ》の星座《せいざ》で、中央《ちゅうおう》に並《なら》んだ3つの星《ほし》が目印《めじるし》だよ。

マメ知識《ちしき》 Q240、電気抵抗《でんきていこう》がゼロになった回路《かいろ》に電気《でんき》を流《なが》すと、ずっと電気《でんき》が流《なが》れ続《つづ》ける。

Q244

日本《にほん》のリニアモーターカーの最高《さいこう》速度《そくど》の記録《きろく》は、時速何《じそくなん》km？

① 260km　② 365km

③ 521km　④ 603km

Q245

化石《かせき》として見《み》つかった骨《ほね》には黒《くろ》やこげ茶《ちゃ》などさまざまな色《いろ》のものがある。これはなぜ？

① まわりの岩《いわ》からしみ出《で》た鉱物《こうぶつ》によって変《か》わったから。
② 昔《むかし》の生物《せいぶつ》の骨《ほね》の色《いろ》は白《しろ》だけではなかったから。
③ 骨《ほね》は時間《じかん》がたつと、白《しろ》から黒《くろ》やこげ茶色《ちゃいろ》に変《か》わる。

Q246

地球上《ちきゅうじょう》の生物《せいぶつ》の種類《しゅるい》や数《かず》が一気《いっき》に増《ふ》えたと考《かんが》えられているのは、今《いま》からどれくらい前《まえ》の時代《じだい》？

① 約《やく》１億《おく》5500万年前《まんねんまえ》
② 約《やく》３億《おく》2300万年前《まんねんまえ》
③ 約《やく》５億《おく》4100万年前《まんねんまえ》

Q247

電気《でんき》が進《すす》む速《はや》さは、どれくらい？

① 秒速約《びょうそくやく》１万《まん》km
② 秒速約《びょうそくやく》10万《まん》km
③ 秒速約《びょうそくやく》30万《まん》km

Q248

食塩《しょくえん》やほう酸《さん》などを湯《ゆ》にとかした Ⓐ をそのままにしておくと、水《みず》が蒸発《じょうはつ》して、規則正《きそくただ》しい形《かたち》をした Ⓑ というつぶが残《のこ》る。ⒶとⒷに入《はい》るのは、それぞれ何《なに》？

Q249

ムラサキキャベツを煮《に》て作《つく》った紫色《むらさきいろ》の水《みず》に、酸性《さんせい》の水溶液《すいようえき》を入《い》れたら、どうなる？

① 赤《あか》に近《ちか》い色《いろ》になる
② 緑《みどり》に近《ちか》い色《いろ》になる
③ 色《いろ》は変《か》わらない

Q250

地球上《ちきゅうじょう》の海《うみ》と陸地《りくち》の割合《わりあい》として、正《ただ》しいのはどれ？

① 海《うみ》97.5%、陸地《りくち》など2.5%
② 海《うみ》85%、陸地《りくち》など15%
③ 海《うみ》71.1%、陸地《りくち》など28.9%
④ 海《うみ》58.3%、陸地《りくち》など42.7%

Q251

電池《でんち》１個《こ》の回路《かいろ》を２個《こ》の直列《ちょくれつ》つなぎにして電流《でんりゅう》を大《おお》きくすると、電《でん》磁石《じしゃく》の磁力《じりょく》はどうなる？

① 弱《よわ》くなる　② 強《つよ》くなる

③ 変《か》わらない

31ページの答《こた》え

Q230 ○…カルシウムは銀白色《ぎんはくしょく》だけど、骨《ほね》はおもに白《しろ》っぽいリン酸《さん》カルシウムでできている。　Q231 ① 炭素原子《たんそげんし》の重《おも》さ（質量《しつりょう》）を12としたとき、水素《すいそ》は1.0、塩素《えんそ》は35.5、酸素《さんそ》は16.0となる。　Q232 ③ 磁石《じしゃく》はまん中《なか》の磁力《じりょく》が弱《よわ》いので、2本《ほん》くっつけるとその部分《ぶぶん》の磁力《じりょく》が弱《よわ》くなる。　Q233 ②　Q234 空気《くうき》　Q235 ②　Q236 カイオウセイ(海王星《かいおうせい》)

マメ知識《ちしき》　Q249の紫色《むらさきいろ》の水《みず》にアルカリ性《せい》の水溶液《すいようえき》を入《い》れた場合《ばあい》は、緑色《みどりいろ》に近《ちか》い色《いろ》になる。

34ページの答《こた》えは36ページ

32ページの答《こた》え

Q237 ② Q238 ○…強《つよ》い酸性《さんせい》をしめす酸《さん》の中《なか》では、物《もの》をくさらせる細菌《さいきん》は生《い》きられないため、くさりにくい。 Q239 ○…コップの水《みず》に入《い》れたストローが曲《ま》がって見《み》えるのは、空気《くうき》より水《みず》の中《なか》で光《ひかり》の速《はや》さがおそくなるから。 Q240 ③ Q241 ○…ネコの口《くち》には、ヤコブソン器官《きかん》という、においの分子《ぶんし》を感《かん》じ取《と》る器官《きかん》がある。 Q242 Ⓐ…火山灰《かざんばい》 Ⓑ…ふん火《か》 Q243 ①

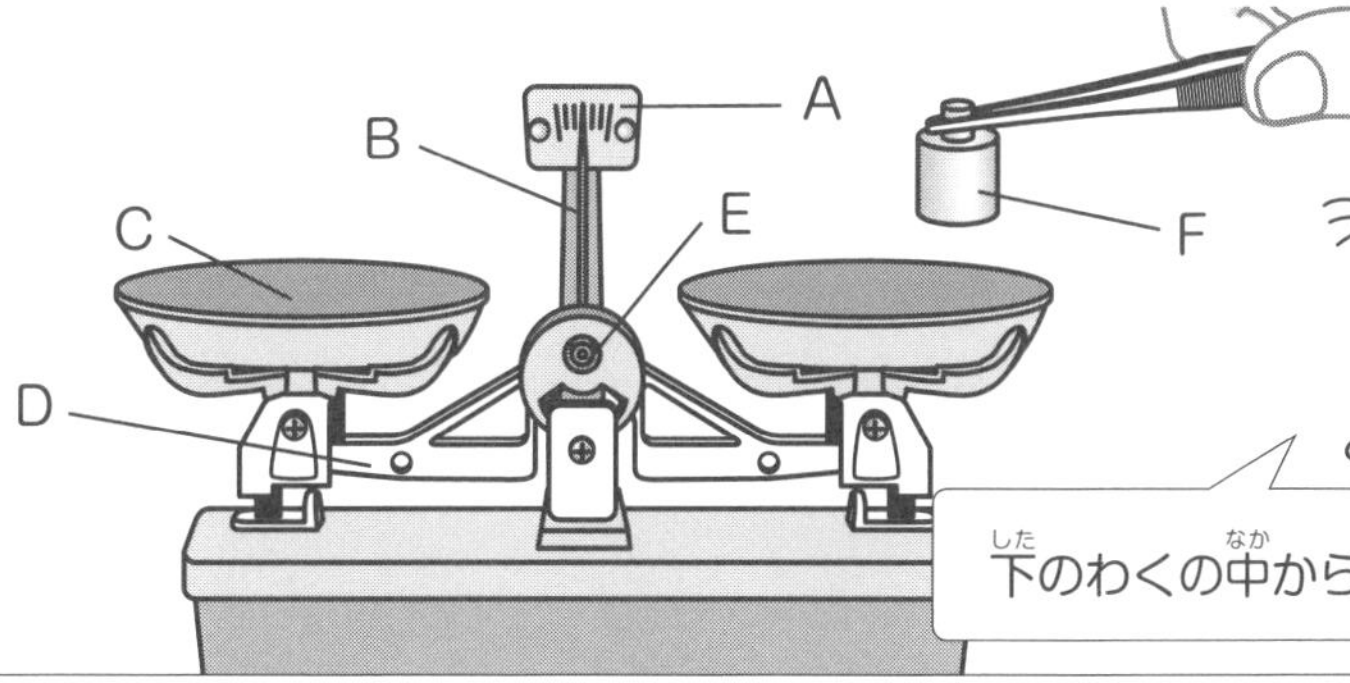

うで　皿《さら》　支点《してん》　分銅《ふんどう》　目《め》もり板《ばん》　針《はり》　てこ

Q252

上《うえ》は何《なん》のしくみを使《つか》ったはかり？

Q253

Aは何《なに》？

Q254

Bは何《なに》？

Q255

Cは何《なに》？

Q256

Dは何《なに》？

Q257

Eは何《なに》？

Q258

Fは何《なに》？

Q259

よく冷《ひ》やした空《あ》きびんの口《くち》に、水《みず》でぬらした1円玉《えんだま》をのせる。びんを両手《りょうて》で包《つつ》んで温《あたた》めると、1円玉《えんだま》はどうなる？

① かたかたゆれる
② びんの中《なか》に入《はい》る
③ 回転《かいてん》する

Q260

次《つぎ》のヒントは、ある発電方法《はつでんほうほう》についてのものだ。どんな発電方法《はつでんほうほう》について説明《せつめい》したものかな？

ヒント①…おもに、石炭《せきたん》や天然《てんねん》ガスを燃料《ねんりょう》として利用《りよう》する。
ヒント②…ボイラーで燃《も》やした熱《ねつ》で、水《みず》を水蒸気《すいじょうき》に変《か》える。
ヒント③…水《みず》が水蒸気《すいじょうき》に変《か》わることを利用《りよう》してタービンを回《まわ》し、発電機《はつでんき》を動《うご》かす。

マメ知識《ちしき》　Q260の発電方式《はつでんほうしき》で作《つく》った電気《でんき》は、日本《にほん》で使用《しよう》される電気《でんき》の半分以上《はんぶんいじょう》をしめている。

Q261

6600万年前《まんねんまえ》、地球上《ちきゅうじょう》で全盛《ぜんせい》をほこっていた恐竜《きょうりゅう》が絶滅《ぜつめつ》した。その原因《げんいん》としていちばん有力《ゆうりょく》な説《せつ》は？

① 氷河時代《ひょうがじだい》がきたから
② 大規模《だいきぼ》な火山活動《かざんかつどう》が起《お》きたから
③ 巨大《きょだい》ないん石《せき》が、地球《ちきゅう》にしょうとつしたから

Q262

リトマス紙《し》のあつかい方《かた》として、正《ただ》しいのはどれ？

① ピンセットを使《つか》って持《も》つ。
② 調《しら》べる水溶液《すいようえき》を直接《ちょくせつ》つける。
③ 実験《じっけん》に使《つか》ったリトマス紙《し》がかわいたら、もう一度《いちど》使《つか》う。

Q263

では、炭酸水《たんさんすい》に赤色《あかいろ》リトマス紙《し》と青色《あおいろ》リトマス紙《し》を入《い》れると、それぞれどんな色《いろ》に変《か》わる？

① どちらも赤色《あかいろ》
② どちらも青色《あおいろ》
③ どちらも変《か》わらない

Q264

塩酸《えんさん》は、Ⓐという気体《きたい》を水《みず》にとかした水溶液《すいようえき》。強《つよ》いⒷがするのは、Ⓐが塩酸《えんさん》の中《なか》から空気《くうき》中《ちゅう》に出《で》ていくためだ。ⒶとⒷに入《はい》るのは、それぞれ何《なに》？

Q265

ホットケーキやむしパンなどを、ふっくらさせる重《じゅう》そう。なぜ、ふくらむ？

① 熱《ねっ》すると二酸化炭素《にさんかたんそ》が出《で》るから
② 熱《ねっ》するとふやけて体積《たいせき》が増《ふ》えるから
③ 熱《ねっ》するとちっ素《そ》が出《で》るから

Q266

天気予報《てんきよほう》では、よく「前線《ぜんせん》」という言葉《ことば》を耳《みみ》にするよ。この「前線《ぜんせん》」があると、天気《てんき》はどうなる？　正《ただ》しいものを次《つぎ》のうちから2つ選《えら》ぼう。

① 雨《あめ》や雪《ゆき》が降《ふ》りやすい。
② 晴《は》れになりやすい。
③ 前線《ぜんせん》が通過《つうか》すると、風《かぜ》がなく、おだやかな天気《てんき》になる。
④ 前線《ぜんせん》が通過《つうか》すると、風向《かざむき》や風速《ふうそく》に変化《へんか》が起《お》こる。

33ページの答《こた》え

Q244 ④ 2015年《ねん》に記録《きろく》し、鉄道《てつどう》では世界最高速度《せかいさいこうそくど》だ。日本《にほん》の新幹線《しんかんせん》の営業運転《えいぎょううんてん》での最高速度《さいこうそくど》は時速《じそく》320km。 Q245 ① Q246 ③ 古生代《こせいだい》カンブリア紀《き》に生物《せいぶつ》の種類《しゅるい》、数《かず》が爆発的《ばくはつてき》に増《ふ》えたことを「カンブリア爆発《ばくはつ》」と呼《よ》ばれているよ。 Q247 ③ 条件《じょうけん》によってちがうけど、光《ひかり》とほぼ同《おな》じ速度《そくど》だよ。 Q248 Ⓐ…水溶液《すいようえき》 Ⓑ…結晶《けっしょう》 Q249 ① Q250 ③ Q251 ②

マメ知識《ちしき》　Q265の重《じゅう》そうとは、重炭酸《じゅうたんさん》ソーダの略《りゃく》。化学名《かがくめい》は炭酸水素《たんさんすいそ》ナトリウム。

36ページの答《こた》えは38ページ

Q267

現在《げんざい》、月《つき》ができたきっかけとして有力《ゆうりょく》な説《せつ》はどれ？

① 地球《ちきゅう》がちりやガスからできたとき、同時《どうじ》にできた。
② 地球《ちきゅう》が自転《じてん》する力《ちから》で地球《ちきゅう》の一部《いちぶ》がちぎれてできた。
③ 地球《ちきゅう》の近《ちか》くを通《とお》った天体《てんたい》が、地球《ちきゅう》の重力《じゅうりょく》につかまってできた。
④ 大《おお》きな天体《てんたい》が地球《ちきゅう》にぶつかり地球《ちきゅう》の破片《はへん》が月《つき》になった。

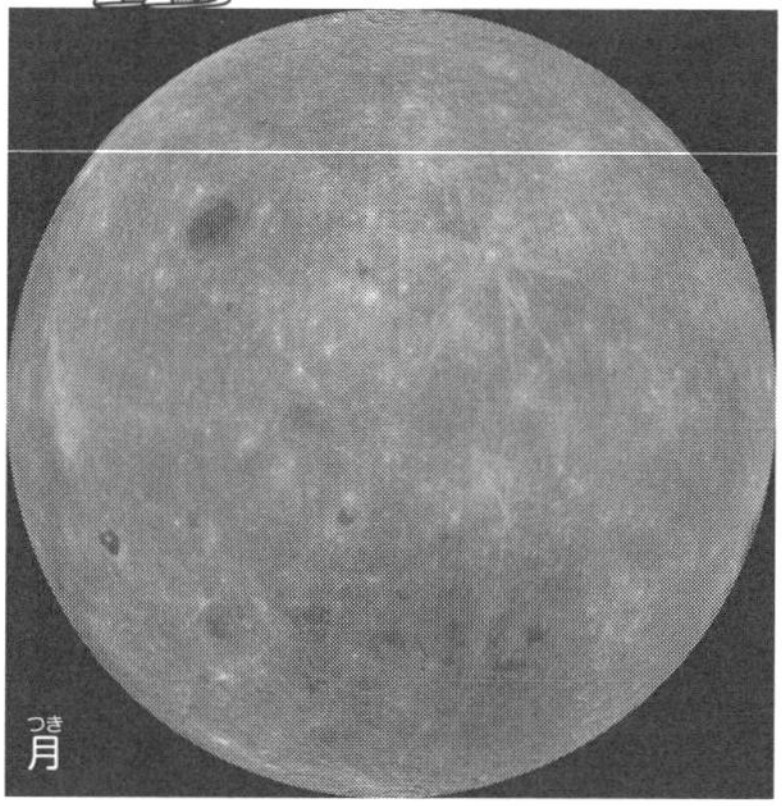
月《つき》

©NASA

Q268

地球《ちきゅう》から月《つき》までの距離《きょり》は、どのくらい？

① 約《やく》18万《まん》km
② 約《やく》28万《まん》km
③ 約《やく》38万《まん》km
④ 約《やく》48万《まん》km

Q269

月《つき》の表面《ひょうめん》にあるくぼみのことを何《なん》という？

① カルデラ
② ムーンホール
③ クレーター

Q270

月《つき》の裏側《うらがわ》は、地球《ちきゅう》からは見《み》ることができない。○か×か？

Q271

夜《よる》になると、月《つき》が明《あか》るく光《ひか》って見《み》えるのはなぜか？

① 月《つき》は太陽《たいよう》のように自分《じぶん》で光《ひかり》を出《だ》しているから
② 月《つき》は自《みずか》ら光《ひかり》を出《だ》さないが地《ち》球《きゅう》の光《ひかり》を反射《はんしゃ》しているから
③ 月《つき》は自《みずか》ら光《ひかり》を出《だ》さないが太陽《たいよう》の光《ひかり》を反射《はんしゃ》しているから

34ページの答《こた》え

Q252 てこ　Q253 目《め》もり板《ばん》　Q254 針《はり》　Q255 皿《さら》　Q256 うで　Q257 支点《してん》　Q258 分銅《ぶんどう》　Q259 ① びんを手《て》で包《つつ》んで温《あたた》めると、びんの中《なか》の空気《くうき》がふくらんで、外《そと》に出《で》て行《い》こうとする。そのとき、ふたをしている1円玉《えんだま》が空気《くうき》におされてかたかたゆれるんだ。　Q260 火力発電《かりょくはつでん》

マメ知識《ちしき》　2007年《ねん》に打《う》ち上《あ》げられた日本《にほん》の衛星《えいせい》「かぐや」は、地球《ちきゅう》から見《み》えない月《つき》の裏側《うらがわ》を撮影《さつえい》したよ。

Q272

今《いま》から約《やく》50年《ねん》も前《まえ》に、アメリカの宇宙飛行士《うちゅうひこうし》が月面《げつめん》に着陸《ちゃくりく》した。その足跡《あしあと》は、月面《げつめん》に残《のこ》っていない。○か×か？

Q273

月《つき》を地球《ちきゅう》から見《み》ると暗《くら》くて平《たい》らな場所《ばしょ》がある。「海《うみ》」と呼《よ》ばれるこの場所《ばしょ》には水《みず》がある。○か×か？

Q274

月《つき》の地下《ちか》には、石油《せきゆ》や石炭《せきたん》がうまっている可能性《かのうせい》が非常《ひじょう》に高《たか》い。○か×か？

Q275

新月《しんげつ》はどのように見《み》える月《つき》？

① まったく見《み》えない月《つき》
② 丸《まる》い形《かたち》をした月《つき》
③ 細《ほそ》くかがやく月《つき》

Q276

月《つき》が地球《ちきゅう》のかげに入《はい》って、見《み》えなくなる月食《げっしょく》は、どんなときにだけおこる？

① 満月《まんげつ》
② 新月《しんげつ》
③ 決《き》まりはない

Q277

太陽《たいよう》が月《つき》のかげにかくされ、見《み》えなくなる日食《にっしょく》は、どんなときにだけ起《お》こる？

① 満月《まんげつ》　② 新月《しんげつ》
③ 決《き》まりはない

Q278

月食《げっしょく》は、月《つき》が左右《さゆう》どちら側《がわ》から欠《か》け、どちら側《がわ》から現《あらわ》れる？

① 左《ひだり》から欠《か》け、左《ひだり》から現《あらわ》れる
② 右《みぎ》から欠《か》け、右《みぎ》から現《あらわ》れる
③ 決《き》まりはない

Q279

月《つき》が南《みなみ》の空《そら》にあるとき、右半分《みぎはんぶん》が光《ひか》って見《み》える月《つき》の呼《よ》び名《な》は？

① 上弦《じょうげん》の月《つき》　② 下弦《かげん》の月《つき》
③ 三日月《みかづき》

Q280

月《つき》の半分《はんぶん》が欠《か》けて見《み》えるときの月《つき》のよび名《な》は何《なに》？

① 分月《ぶんげつ》　② 半月《はんげつ》
③ 三日月《みかづき》

Q281

月《つき》の満《み》ち欠《か》けは、何日周期《なんにちしゅうき》？

① 29.5日《にち》　② 30.5日《にち》
③ 31.5日《にち》

35ページの答《こた》え

Q261 ③ 直径《ちょっけい》10kmもの巨大《きょだい》いん石《せき》がしょうとつし、火災《かさい》や津波《つなみ》が発生《はっせい》、大量《たいりょう》のチリなどが日光《にっこう》をさえぎり急激《きゅうげき》に寒冷化《かんれいか》したから、と考《かんが》えられているよ。 Q262 ① Q263 ① 炭酸水《たんさんすい》は酸性《さんせい》なのでどちらも赤色《あかいろ》に変《か》わるよ。 Q264 Ⓐ…塩化水素《えんかすいそ》 Ⓑ…におい（刺激臭《しげきしゅう》） Q265 ① Q266 ①と④

マメ知識《ちしき》 Q279の上弦《じょうげん》の月《つき》は日《ひ》の入《い》りのころ、下弦《かげん》の月《つき》は日《ひ》の出《で》のころ南《みなみ》の空高《そらたか》くに見《み》える。

38ページの答《こた》えは40ページ

36ページの答《こた》え

Q267 ④ これをジャイアント・インパクト説《せつ》という。 Q268 ③ 地球《ちきゅう》の赤道《せきどう》約《やく》10周分《しゅうぶん》の距離《きょり》。 Q269 ③ Q270 ○…月《つき》は、つねに同《おな》じ面《めん》を地球《ちきゅう》に向《む》けながら回《まわ》っている。だから、地球《ちきゅう》からは月《つき》の表側《おもてがわ》しか見《み》えないんだ。 Q271 ③ 月《つき》は太陽《たいよう》の光《ひかり》でかがやいている。地球《ちきゅう》の光《ひかり》も反射《はんしゃ》しているが、太陽《たいよう》の光《ひかり》に比《くら》べればごくわずか。

Q282

流《なが》れる川《かわ》の水《みず》の働《はたら》きは、浸食《しんしょく》と運《うん》ぱん、もう一《ひと》つは何《なに》？

Q283

曲《ま》がりくねって流《なが》れる川《かわ》。曲《ま》がった流《なが》れの内側《うちがわ》と外側《そとがわ》のどちらが浸食《しんしょく》されやすい？

① 内側《うちがわ》
② 外側《そとがわ》
③ どちらも等《ひと》しい

Q284

曲《ま》がりくねった川《かわ》の一部《いちぶ》がとり残《のこ》されてできた湖《みずうみ》を、月《つき》の名前《なまえ》をとって何湖《なにこ》という？

Q285

シーソーをてこの一種《いっしゅ》と考《かんが》えたとき、体重《たいじゅう》の軽《かる》い人《ひと》とつりあうには、体重《たいじゅう》の重《おも》い人《ひと》はシーソーの前側《まえがわ》と後《うし》ろ側《がわ》のどちらに乗《の》ればよい？

① 前側《まえがわ》
② 後《うし》ろ側《がわ》
③ どちらでも同《おな》じ

Q286

地層《ちそう》の中《なか》から見《み》つかる、昔《むかし》の生《い》き物《もの》の体《からだ》の一部《いちぶ》を何《なん》という？

Q287

リンゴを塩水《しおみず》につけておくと、茶色《ちゃいろ》になりにくくなる。これはなぜ？

① 塩水《しおみず》がリンゴの表面《ひょうめん》にまくをつくるから
② 塩水《しおみず》がリンゴをくさりにくくするから
③ 白《しろ》い塩《しお》が、リンゴの茶色《ちゃいろ》を目立《めだ》たなくするから

Q288

水《みず》は温度《おんど》によって姿《すがた》を変《か》えるよね。水蒸気《すいじょうき》のような、目《め》に見《み》えない姿《すがた》を［A］体《たい》、水《みず》のような姿《すがた》を［B］体《たい》、氷《こおり》のような姿《すがた》を［C］体《たい》という。［A］、［B］、［C］に入《はい》る漢字《かんじ》の組《く》み合《あ》わせとして正《ただ》しいのは、次《つぎ》のうちどれ？

① A—液《えき》　B—固《こ》　C—気《き》
② A—気《き》　B—液《えき》　C—固《こ》
③ A—固《こ》　B—気《き》　C—液《えき》

Q289

次《つぎ》のうち、アルカリ性《せい》で、鼻《はな》を刺《さ》すようなにおいがする液体《えきたい》は？

① 塩酸《えんさん》　② 石灰水《せっかいすい》
③ アンモニア水《すい》

マメ知識《ちしき》　Q288の水《みず》の3つの状態変化《じょうたいへんか》を「水《みず》の三態《さんたい》」というよ。

39ページの答《こた》えは41ページ

Q290

石灰水《せっかいすい》は二酸化炭素《にさんかたんそ》をふきこむと、どうなる？

① 白《しろ》くにごる
② 黒《くろ》くにごる
③ 石灰水《せっかいすい》は変化《へんか》しない

Q291

Ａ型《がた》、Ｂ型《がた》、Ｏ型《がた》、ＡＢ型《がた》の血液《けつえき》型《がた》のうち、世界中《せかいじゅう》でもっとも少《すく》ないのは？

① Ａ型《がた》　② Ｂ型《がた》
③ Ｏ型《がた》　④ ＡＢ型《がた》

Q292

血液《けつえき》の成分《せいぶん》の中《なか》で、運動《うんどう》に必要《ひつよう》な酸素《さんそ》を運《はこ》ぶ役割《やくわり》をする赤《あか》い成分《せいぶん》を何《なん》という？

Q293

では、運動《うんどう》に必要《ひつよう》な栄養《えいよう》や二酸化《にさんか》炭素《たんそ》などの不要物《ふようぶつ》を運《はこ》ぶ血液《けつえき》の成分《せいぶん》は何《なに》？

① 白血球《はっけっきゅう》
② 血小板《けっしょうばん》
③ 血《けつ》しょう
④ リンパ液《えき》

Q294

ヒトの体《からだ》の成分《せいぶん》のうちで、もっとも多《おお》いものは何《なん》？

① たんぱく質《しつ》
② 脂質《ししつ》
③ 水分《すいぶん》

Q295

血液型《けつえきがた》が変《か》わる場合《ばあい》がある。○か×か？

Q296

子《こ》ゾウのいるアフリカゾウのむれには、大人《おとな》のおすはいない。大人《おとな》はめすだけ。○か×か？

アフリカゾウ

Q297

導線《どうせん》などの中《なか》を電子《でんし》が移動《いどう》すると、それと反対向《はんたいむ》きに電気《でんき》が流《なが》れる。この流《なが》れを何《なん》という？

① 静電気《せいでんき》　② 電流《でんりゅう》
③ 導線電気《どうせんでんき》

37ページの答《こた》え

Q272 ×…月《つき》には空気《くうき》がなくて、風《かぜ》もふかないから、今《いま》でも宇宙飛行士《うちゅうひこうし》の足跡《あしあと》が残《のこ》っているよ。 Q273 ×…地球《ちきゅう》の海《うみ》とちがって水《みず》がないよ。 Q274 ×…石炭《せきたん》や石油《せきゆ》は動植物《どうしょくぶつ》が元《もと》になっており、月《つき》には昔《むかし》からそれらがなかったんだ。 Q275 ① Q276 ① Q277 ② Q278 ① Q279 ① Q280 ② Q281 ①

マメ知識《ちしき》　血液型《けつえきがた》うらないには、科学的《かがくてき》なこんきょはない。

Q298

ウサギの耳《みみ》の役割《やくわり》として、まちがっているのはどれ？

① 遠《とお》くの音《おと》も聞《き》き取《と》る。
② 体温《たいおん》を調節《ちょうせつ》する。
③ 大《おお》きな耳《みみ》を立《た》てて、敵《てき》をおどろかせる。

Q299

ウサギはフンを食《た》べる。○か×か？

Q300

ジャガイモのいもは、植物《しょくぶつ》の葉《は》・茎《くき》・根《ね》のどれにあたる？

① 葉《は》
② 茎《くき》
③ 根《ね》

Q301

①スイカ・②ブドウ・③イチゴ・④キウイフルーツは、それぞれどれが果物《くだもの》でどれが野菜《やさい》？

Ⓐ 果物《くだもの》(　　,　　)
Ⓑ 野菜《やさい》(　　,　　)

Q302

天《あま》の川《がわ》は、何《なに》でできているの？

① 宇宙《うちゅう》に浮《う》かぶ岩《いわ》や氷《こおり》のつぶ
② 太陽《たいよう》や地球《ちきゅう》のある銀河系《ぎんがけい》の星々《ほしぼし》を横《よこ》から見《み》た姿《すがた》
③ 飛行機雲《ひこうきぐも》の残《のこ》り

Q303

ブラックホールは光《ひかり》すらも吸《す》いこむため、目《め》には見《み》えない。どうやって観測《かんそく》する？

① 吸《す》いこまれるガスを観測《かんそく》
② 吸《す》いこまれる水《みず》を観測《かんそく》
③ 観測《かんそく》できないが予想《よそう》できる

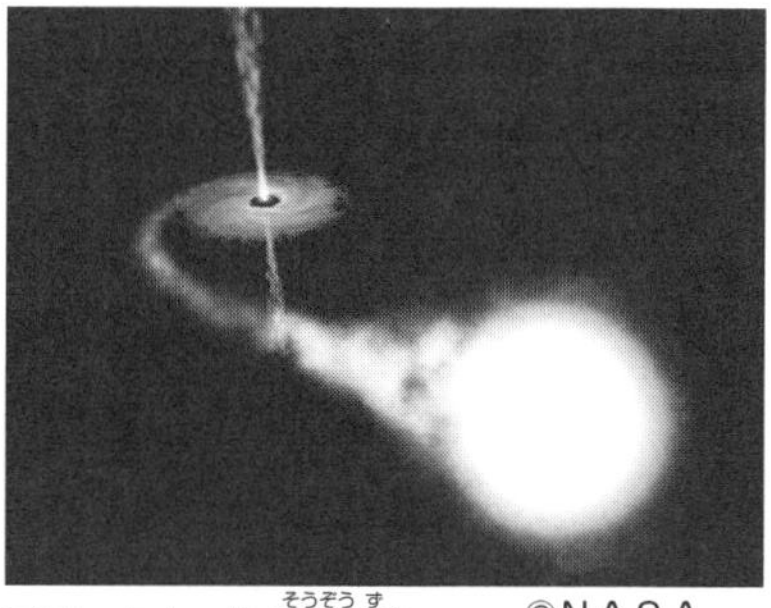

ブラックホール(想像図《そうぞうず》)　©NASA

38ページの答《こた》え

Q282 たい積《せき》　Q283 ② 流《なが》れの曲《ま》がった外側《そとがわ》の方《ほう》が、流《なが》れが急《きゅう》になるよ。　Q284 ② 三日月湖《みかづきこ》　Q285 ① 支点《してん》からの距離《きょり》が短《みじか》いほど、働《はたら》く力《ちから》(重《おも》さ)が小《ちい》さく(軽《かる》く)なり、つりあうことができる。　Q286 化石《かせき》 うんちや足《あし》あとの化石《かせき》もある。　Q287 ① リンゴは酸素《さんそ》にふれると、茶色《ちゃいろ》になる物質《ぶっしつ》が多《おお》く入《はい》っているんだ。　Q288 ②　Q289 ③

マメ知識《ちしき》　Q303のブラックホールは、はくちょう座《ざ》X《エックス》-1が有力《ゆうりょく》な候補《こうほ》として初《はじ》めて確認《かくにん》された。

41ページの答《こた》えは43ページ

Q304

光《ひかり》は、空気《くうき》から水《みず》の中《なか》にななめに入《はい》ると、[A]したり、[B]したりする。[A]、[B]に入《はい》る組《く》み合《あ》わせとして正《ただ》しいのは？

① A－くっ折《せつ》　B－反射《はんしゃ》
② A－曲折《きょくせつ》　B－反射《はんしゃ》
③ A－くっ曲《きょく》　B－直進《ちょくしん》

Q305

50℃の温度《おんど》を、摂氏《せっし》50℃ともいうけれど、「摂氏《せっし》」とは中国人《ちゅうごくじん》の名《な》前《まえ》に由来《ゆらい》する。○か×か？

Q306

酸性《さんせい》やアルカリ性《せい》の液体《えきたい》をまぜて互《たが》いの性質《せいしつ》を打《う》ち消《け》し合《あ》うことを何《なん》という？

① 酸化《さんか》　② 中和《ちゅうわ》
③ 中性《ちゅうせい》　④ 消化《しょうか》

Q307

地球《ちきゅう》や火星《かせい》が、自転《じてん》をしているのはなぜ？

① 宇宙全体《うちゅうぜんたい》が回転《かいてん》していると考《かんが》えられているから
② 星《ほし》の元《もと》になる物質《ぶっしつ》が回転《かいてん》しながら集《あつ》まってできたから
③ 太陽《たいよう》の引力《いんりょく》に引《ひ》っ張《ぱ》られているから

Q308

電気《でんき》の流《なが》れの単位《たんい》は？

① A（アンペア）
② V（ボルト）
③ Ω（オーム）　④ W（ワット）

Q309

電気《でんき》の流《なが》れにくさ（抵抗《ていこう》）を表《あらわ》す単《たん》位《い》は？

① A（アンペア）
② V（ボルト）
③ Ω（オーム）　④ W（ワット）

Q310

電気《でんき》を流《なが》そうとする働《はたら》き（電圧《でんあつ》）の単位《たんい》は？

① A（アンペア）
② V（ボルト）
③ Ω（オーム）　④ W（ワット）

Q311

夏《なつ》から秋《あき》に、日本《にほん》の南《みなみ》の海上《かいじょう》でできる低気圧《ていきあつ》が発達《はったつ》し、強《つよ》い風《かぜ》や雨《あめ》をもたらすのが台風《たいふう》。その中心《ちゅうしん》の天気《てんき》はどうなっている？

① 晴《は》れていることが多《おお》い。
② 大雨《おおあめ》になっている。
③ 強《つよ》い風《かぜ》がふいていることが多《おお》い。

39ページの答《こた》え

Q290 ① 二酸化炭素《にさんかたんそ》は石灰水《せっかいすい》を白《しろ》くにごらせるよ。 Q291 ④ Q292 赤血球《せっけっきゅう》へモグロビンという赤《あか》い色素《しきそ》がふくまれているよ。 Q293 ③ Q294 ③ 水分《すいぶん》は体《からだ》の半分《はんぶん》以上《いじょう》を占《し》める。 Q295 ○…ちがう血液型《けつえきがた》のヒトから骨髄移植《こつずいいしょく》をしたとき、骨髄移《こつずいい》植《しょく》元《もと》のヒトと同《おな》じ血液型《けつえきがた》になることがある。 Q296 ○ Q297 ② 動電流《どうでんりゅう》とは、電流《でんりゅう》のことだよ。

マメ知識《ちしき》 Q308～Q310の選択肢《せんたくし》にある４つの単位《たんい》は、科学者《かがくしゃ》の名前《なまえ》に由来《ゆらい》している。

42ページの答《こた》えは44ページ

Q312

エルニーニョ現象《げんしょう》は、ペルー沖《おき》などの A の水温《すいおん》が、平年《へいねん》と比《くら》べて B くなり、地球全体《ちきゅうぜんたい》の C の流《なが》れが変《か》わる現象《げんしょう》だ。 A 、 B 、 C の組《く》み合《あ》わせとして正《ただ》しいのは？

① A－海底《かいてい》　B－高《たか》
　C－海流《かいりゅう》
② A－海底《かいてい》　B－低《ひく》
　C－海流《かいりゅう》
③ A－海面《かいめん》　B－高《たか》
　C－大気《たいき》

Q313

次《つぎ》のうち、静電気《せいでんき》を利用《りよう》していないものはどれ？

① 電池《でんち》　② ラップ
③ コピー機《き》
④ 空気清浄機《くうきせいじょうき》

Q314

ものとものをこすり合《あ》わせると発《はっ》生《せい》するのが静電気《せいでんき》。こすり合《あ》わせるものの組《く》み合《あ》わせによる特徴《とくちょう》として、まちがっているのはどれ？

① ＋か－かが決《き》まる
② 静電気《せいでんき》の強《つよ》さが変《か》わる
③ どんな組《く》み合《あ》わせでも
　静電気《せいでんき》の強《つよ》さは変《か》わらない

Q315

次《つぎ》の原子《げんし》のうち、分子《ぶんし》をつくるのはどれ？

① 銅《どう》
② 銀《ぎん》
③ ナトリウム
④ 酸素《さんそ》

Q316

氷晶《ひょうしょう》（氷《こおり》の結晶《けっしょう》）が横方向《よこほうこう》に成長《せいちょう》し、枝分《えだわ》かれしてできた雪《ゆき》の結晶《けっしょう》を何《なん》という？

① 樹枝状結晶《じゅしじょうけっしょう》
② 針状結晶《はりじょうけっしょう》　③ 円状結晶《えんじょうけっしょう》

Q317

氷晶《ひょうしょう》が縦方向《たてほうこう》に成長《せいちょう》してできた雪《ゆき》の結晶《けっしょう》を何《なん》という？

① 樹枝状結晶《じゅしじょうけっしょう》
② 針状結晶《はりじょうけっしょう》　③ 円状結晶《えんじょうけっしょう》

Q318

冬《ふゆ》に日本列島《にほんれっとう》に雪《ゆき》をもたらす寒気《かんき》団《だん》を何《なん》という？

① 揚子江気団《ようすこうきだん》
② 小笠原気団《おがさわらきだん》
③ シベリア気団《きだん》
④ オホーツク海気団《かいきだん》

40ページの答《こた》え

Q298 ③　Q299 ○…ウサギのやわらかいフンにはまだ栄養《えいよう》がふくまれていて、もう一度《いちど》食《た》べて栄養《えいよう》を吸収《きゅうしゅう》するんだ。 Q300 ② 茎《くき》が変化《へんか》したものだよ。 Q301 Ⓐ果物《くだもの》（②,④）　Ⓑ野菜《やさい》（①,③）。 Q302 ② 天《あま》の川《がわ》が太《ふと》くなっている場所《ばしょ》があり、その中《なか》に中心《ちゅうしん》があるという。 Q303 ① ガスや星《ほし》が吸《す》いこまれるとき、強《つよ》い光《ひかり》を出《だ》すことがあり、それを観測《かんそく》するんだ。

マメ知識《ちしき》　Q312のエルニーニョ現象《げんしょう》が起《お》こると、洪水《こうずい》や干《かん》ばつなどの異常気象《いじょうきしょう》が多《おお》くなる。

43ページの答《こた》えは45ページ

Q319

次《つぎ》の角《つの》のある生《い》き物《もの》のうち、生《う》まれたときから角《つの》がはえている動物《どうぶつ》はどれかな？

① シカ　② ウシ　③ キリン　④ サイ

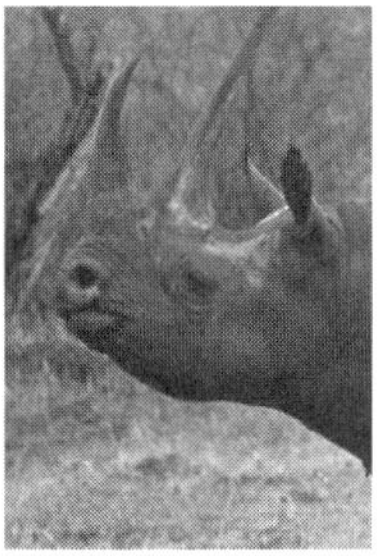

Q320

次《つぎ》の角《つの》のある生《い》き物《もの》のうち、毛《け》や皮《ひ》ふが固《かた》くなった角《つの》を持《も》つ動物《どうぶつ》はどれかな？

① シカ　② ウシ

③ キリン　④ サイ

Q321

次《つぎ》の角《つの》のある生《い》き物《もの》のうち、角《つの》に血《ち》が通《かよ》い、一生《いっしょう》伸《の》び続《つづ》ける動物《どうぶつ》はどれかな？

① シカ　② ウシ

③ キリン　④ サイ

Q322

次《つぎ》の角《つの》のある生《い》き物《もの》のうち、毎年《まいとし》、角《つの》がはえかわる動物《どうぶつ》はどれかな？

① シカ　② ウシ

③ キリン　④ サイ

Q323

電流《でんりゅう》の流《なが》れる導線《どうせん》のまわりに生《う》まれる力《ちから》を何《なん》という？

① 電力《でんりょく》　② 動力《どうりょく》　③ 磁力《じりょく》

Q324

国際天文学連合《こくさいてんもんがくれんごう》の会議《かいぎ》によって、2006年《ねん》に惑星《わくせい》から準惑星《じゅんわくせい》に変更《へんこう》された太陽系《たいようけい》の星《ほし》は？

① 天王星《てんのうせい》　② 海王星《かいおうせい》

③ 冥王星《めいおうせい》

Q325

次《つぎ》のうち、冬《ふゆ》になると枯《か》れてしまう植物《しょくぶつ》はどれとどれ？

① ツユクサ

② タンポポ

③ ヘチマ

④ コムギ

41ページの答《こた》え

Q304 ①　Q305 ×…水《みず》がこおる温度《おんど》を0℃、ふっとうする温度《おんど》を100℃と決《き》めたスウェーデン人《じん》科学者《かがくしゃ》セルシウスの名前《なまえ》に由《ゆ》来《らい》しているよ。　Q306 ② 酸性《さんせい》、アルカリ性《せい》でない中性《ちゅうせい》の状態《じょうたい》になることを中和《ちゅうわ》というよ。　Q307 ②　Q308 ① 電流《でんりゅう》の単位《たんい》　Q309 ③ 抵抗《ていこう》の単位《たんい》　Q310 ② 電圧《でんあつ》の単位《たんい》　Q311 ① 台風《たいふう》の中心《ちゅうしん》を「台風《たいふう》の目《め》」というよ。風《かぜ》は弱《よわ》いことが多《おお》いんだ。

マメ知識《ちしき》　Q324の国際天文学連合《こくさいてんもんがくれんごう》とは、世界中《せかいじゅう》の天文学者《てんもんがくしゃ》で構成《こうせい》される集《あつ》まりだ。

42ページの答《こた》え

Q312 ③　Q313 ①　②はお皿《さら》にくっつけるのに、③は印字《いんじ》に、④はにおいのつぶにくっつくのに利用《りよう》。Q314 ③　Q315 ④　金属《きんぞく》や酸化銅《さんかどう》、炭酸《たんさん》カルシウムなどは、原子《げんし》が切《き》れ目《め》なくくっついているので分子《ぶんし》をつくらない。Q316 ①　水蒸気《すいじょうき》が多《おお》く、上空《じょうくう》の気温《きおん》が−14℃〜−16℃のときできる。Q317 ②　水蒸気《すいじょうき》が多《おお》く、上空《じょうくう》の気温《きおん》が−4℃〜−10℃のときできる。Q318 ③

Q326

地球《ちきゅう》は太陽《たいよう》のまわりを1回転《かいてん》(公転《こうてん》)するのに、何日《なんにち》かかる?

① 約《やく》364.75日《にち》
② 約《やく》365日《にち》
③ 約《やく》365.25日《にち》
④ 約《やく》366日《にち》

Q327

木星《もくせい》の表面《ひょうめん》に見《み》られる赤《あか》っぽいしまもようは、何《なに》でできている?

① 赤《あか》っぽい岩《いわ》
② 赤《あか》っぽい雲《くも》
③ 赤《あか》っぽい海水《かいすい》

Q328

卵《たまご》をまるごと酢《す》に入《い》れておくと、数日後《すうじつご》にはどうなる?

① 変化《へんか》しない
② からがとけ、うす皮《かわ》が残《のこ》る
③ すべてとけてなくなる

Q329

チンパンジーやゴリラなどのサルのなかまは、進化《しんか》していけば、いつかヒトになる。○か×か?

ニホンザルの親子《おやこ》

Q330

トウモロコシの実《み》から出《で》るひげのようなものは、何《なに》?

① めしべ　② おしべ
③ がく　④ 花《はな》びら

Q331

光《ひかり》は入射角《にゅうしゃかく》がある角度《かくど》より大《おお》きくなると境界面《きょうかいめん》で全反射《ぜんはんしゃ》する。この性質《せいしつ》を利用《りよう》し、光《ひかり》を速《はや》く遠《とお》くまで伝《つた》えるケーブルを何《なん》という?

① グラスファイバー
② 光《ひかり》ファイバー
③ セラミックファイバー

Q332

光《ひかり》の三原色《さんげんしょく》とは、何色《なにいろ》と何色《なにいろ》と何色《なにいろ》?

① 赤《あか》、白《しろ》、黒《くろ》
② 青《あお》、緑《みどり》、黄《き》
③ 赤《あか》、緑《みどり》、青《あお》
④ 青《あお》、黒《くろ》、白《しろ》

マメ知識《ちしき》　Q332の「光《ひかり》の三原色《さんげんしょく》」を同《おな》じ割合《わりあい》でまぜると、光《ひかり》の色《いろ》が白《しろ》になるよ。

45ページの答《こた》えは47ページ

Q333

空気中《くうきちゅう》を音《おと》が伝《つた》わる速《はや》さは、気温《きおん》15℃のとき、毎秒《まいびょう》どのくらいだろう？

① およそ120m
② およそ340m
③ およそ480m

Q334

音《おと》の伝《つた》わる速《はや》さは、ものによってちがう。いちばん速《はや》く伝《つた》わるのは、次《つぎ》のうちのどれ？

① 空気中《くうきちゅう》　② 水中《すいちゅう》
③ 鉄《てつ》の中《なか》

Q335

音《おと》は、振幅《しんぷく》(振動《しんどう》のはば)が大《おお》きいほど、どんな音《おと》になる？

① 高《たか》い音《おと》になる
② 低《ひく》い音《おと》になる
③ 大《おお》きい音《おと》になる
④ 小《ちい》さい音《おと》になる

Q336

音《おと》は、一定時間《いっていじかん》に振動《しんどう》する数《かず》が多《おお》いほど、どんな音《おと》になる？

① 高《たか》い音《おと》になる
② 低《ひく》い音《おと》になる
③ 強《つよ》い音《おと》になる
④ 弱《よわ》い音《おと》になる

Q337

救急車《きゅうきゅうしゃ》が近《ちか》づくとサイレンの音《おと》は高《たか》く聞《き》こえ、遠《とお》ざかると低《ひく》く聞《き》こえるという経験《けいけん》をしたことはないかな？　この現象《げんしょう》を何効果《なにこうか》という？

① サイレン効果《こうか》
② プラシーボ効果《こうか》
③ ドップラー効果《こうか》

Q338

次《つぎ》の動物《どうぶつ》のうち、もっとも高《たか》い音《おと》を聞《き》き取《と》れるのは？

① カエル
② ヒト
③ イヌ
④ コウモリ

Q339

音《おと》よりも速《はや》く飛《と》ぶ飛行機《ひこうき》がある。○か×か？

43ページの答《こた》え

Q319 ③ キリンの角《つの》は、頭骨《とうこつ》の一部《いちぶ》で、表面《ひょうめん》には皮《ひ》ふがあるよ。 Q320 ④ ウシなどの角《つの》とはちがって、ヒトの毛《け》やつめに近《ちか》い成分《せいぶん》でできているんだ。 Q321 ② ウシの角《つの》は骨《ほね》の一部《いちぶ》で、血《ち》も通《かよ》っているよ。 Q322 ① Q323 ③ Q324 ③ Q325 ①と③ 冬《ふゆ》になると枯《か》れてしまう植物《しょくぶつ》も、春《はる》になると秋《あき》にできた種《たね》が地面《じめん》に落《お》ちて発芽《はつが》するよ。

マメ知識《ちしき》　音《おと》の大小《だいしょう》、音《おと》の音色《ねいろ》、音《おと》の高低《こうてい》を「音《おと》の３要素《ようそ》」という。

44ページの答《こた》え

Q326 ③ 4年《ねん》に一度《いちど》、366日《にち》の「うるう年《どし》」がある。 Q327 ② Q328 ② 卵《たまご》のからは、おもに炭酸《たんさん》カルシウムからできていて、酸性《さんせい》の水溶液《すいようえき》にとけやすいんだ。 Q329 ×…サルが進化《しんか》しても、それはサルが進化《しんか》したもので、ヒトにはならないよ。 Q330 ① め花《ばな》から出《で》ているめしべで、1本《ぽん》1本《ぽん》が1つぶ1つぶの実《み》につながっている。 Q331 ② Q332 ③

Q340

ネズミのなかまで、ネコより大《おお》きなものはいない。○か×か？

Q341

雪《ゆき》の結晶《けっしょう》が六角形《ろっかくけい》を基本《きほん》にしているのはなぜ？

① たまたま六角形《ろっかくけい》が多《おお》いから
② 水《みず》の分子《ぶんし》が六角形《ろっかくけい》になるよう、規則正《きそくただ》しく並《なら》ぶため
③ 水《みず》の分子《ぶんし》が六角形《ろっかくけい》だから

Q342

雪《ゆき》の結晶《けっしょう》の形《かたち》は、何《なに》と何《なに》できまる？

① 上空《じょうくう》の気温《きおん》
② 水蒸気《すいじょうき》の量《りょう》
③ 上昇気流《じょうしょうきりゅう》の強《つよ》さ

Q343

カバの汗《あせ》は赤《あか》い。○か×か？

カバ

Q344

トマトなどを、土《つち》を使《つか》わず、必要《ひつよう》な肥料《ひりょう》などの入《はい》った水《みず》で育《そだ》てる栽《さい》培法《ばいほう》の名前《なまえ》をかたかな4文字《もじ》で何《なに》栽培《さいばい》という？　次《つぎ》のカードを並《なら》べかえて、答《こた》えよう。

イ	コ	ウ	ス

Q345

バイメタルとはどんなもの？

① ぼう張《ちょう》の割合《わりあい》がちがう２種類《しゅるい》の金属《きんぞく》をはりあわせたもの
② 金《きん》と銀《ぎん》と銅《どう》をまぜあわせたもの
③ とける温度《おんど》のことなる３種類《しゅるい》の金属《きんぞく》をはり合《あ》わせたもの

Q346

バイメタルの性質《せいしつ》を利用《りよう》して、電《でん》気《き》ごたつなどの温度《おんど》を一定《いってい》に保《たも》つ装置《そうち》とは？

① ブレーカー
② サーモスタット
③ ヒューズ

マメ知識《ちしき》 Q343のカバは体長《たいちょう》2.8～4.2m。陸上動物《りくじょうどうぶつ》では、ゾウやサイの次《つぎ》に大《おお》きい。

Q347

「海《うみ》の妖精《ようせい》」とも呼《よ》ばれ、とてもかわいいクリオネは、どんな生《い》き物《もの》のなかま？

① 魚《さかな》のなかま
② 貝《かい》のなかま
③ カニのなかま

クリオネ

Q348

では、クリオネはえものをおそって食《た》べるとき、どうなるかな？

① 頭《あたま》が割《わ》れて触手《しょくしゅ》を出《だ》し、えものをつかまえて食《た》べる。
② 体《からだ》が割《わ》れてえものを食《た》べる。
③ 翼《つばさ》のような足《あし》でえものをつかまえて食《た》べる。

Q349

ろうそくの炎《ほのお》は、外側《そとがわ》から外炎《がいえん》、内炎《ないえん》、炎心《えんしん》に分《わ》けられる。温度《おんど》のいちばん高《たか》いのはどこ？

① 外炎《がいえん》
② 内炎《ないえん》
③ 炎心《えんしん》

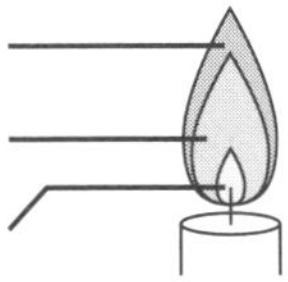

Q350

ろうそくが燃《も》えるのは、ろうがどんな状態《じょうたい》になったとき？

① 固体《こたい》 ② 液体《えきたい》 ③ 気体《きたい》

Q351

ちっ素《そ》の入《はい》ったびんの中《なか》で、火《ひ》のついたろうそくを入《い》れると、火《ひ》はどうなる？

① はげしく燃《も》える
② 消《き》える
③ 変化《へんか》しない

Q352

次《つぎ》のうち、加熱《かねつ》するとねばねばした物《もの》が残《のこ》るのはどれ？

① アンモニア水《すい》
② 砂糖水《さとうすい》
③ 石灰水《せっかいすい》

Q353

化学薬品《かがくやくひん》を入《い》れる容器《ようき》や実験《じっけん》で使《つか》う容器《ようき》には、ガラス製容器《せいようき》より、金属製容器《きんぞくせいようき》の方《ほう》が、割《わ》れないから多《おお》く用《もち》いられている。○か×か？

45ページの答《こた》え

Q333 ② Q334 ③ 1秒間《びょうかん》に約《やく》5950m。①は約《やく》340m、②は約《やく》1500m（すべて15℃のとき）。 Q335 ③ Q336 ① Q337 ③ 救急車《きゅうきゅうしゃ》が近《ちか》づくと音《おと》の波《なみ》がつまり高《たか》い音《おと》になる。 Q338 ④ 1000〜12万《まん》ヘルツまでの音《おと》を聞《き》ける。①は50〜1万《まん》ヘルツ、②は20〜2万《まん》ヘルツ、③は15〜5万《まん》ヘルツ。 Q339 ○…F-15という戦闘機《せんとうき》は音《おと》の約《やく》2.5倍《ばい》の速《はや》さで飛《と》べる。

マメ知識《ちしき》 クリオネという名前《なまえ》は、ギリシャ神話《しんわ》の女神《めがみ》クレイオーに由来《ゆらい》する。

48ページの答《こた》えは50ページ

46ページの答《こた》え

Q340 ×…ネズミの一種《いっしゅ》のカピバラは体長《たいちょう》1mほど、体重《たいじゅう》35〜66kg。 Q341 ② Q342 ①と② Q343 ×…紫外線《しがいせん》や細菌《さいきん》などから体《からだ》を守《まも》るために、赤《あか》いねばりのある液《えき》を出《だ》すが、汗《あせ》ではない。 Q344 スイコウ(水耕《すいこう》) Q345 ① バイメタルを温《あたた》めると、ぼう張《ちょう》の割合《わりあい》が小《ちい》さい方《ほう》へ曲《ま》がる性質《せいしつ》がある。 Q346 ② バイメタルの湾曲《わんきょく》や水銀《すいぎん》の膨張《ぼうちょう》などを利用《りよう》した温度調節器《おんどちょうせつき》だ。

Q354 Q360		Q362	Q363	
	■	Q355		■
■	Q361	■	Q356	
■	Q357			■
Q358		■	Q359	

48〜49ページは、クロスワード問題《もんだい》だよ。横《よこ》のカギ、縦《たて》のカギをヒントに、カタカナでクロスワードをうめていこう！

Q354

【横《よこ》のカギ】

てこは、支点《してん》、力点《りきてん》、○○○○○の3つの点《てん》を利用《りよう》している。

Q355

【横《よこ》のカギ】

ホタテガイやカタツムリなどを総称《そうしょう》して○○類《るい》という。

Q356

【横《よこ》のカギ】

液体《えきたい》や固体《こたい》が、気《き》体《たい》に変化《へんか》することを○○という。

Q357

【横《よこ》のカギ】

電磁石《でんじしゃく》の力《ちから》を利用《りよう》して浮《う》いたり、進《すす》んだりする乗《の》り物《もの》は、○○○モーターカー。○○○は、「直線《ちょくせん》的《てき》」という意味《いみ》だよ。

Q358

【横《よこ》のカギ】

自然環境《しぜんかんきょう》を保護《ほご》し、人間《にんげん》の生活《せいかつ》との共存《きょうぞん》を目指《めざ》すという考《かんが》え方《かた》を○○ロジーという。

Q359

【横《よこ》のカギ】

地球《ちきゅう》の衛星《えいせい》は○○。

マメ知識《ちしき》 ホタテガイは食用《しょくよう》となる以外《いがい》に、貝《かい》がらがチョークや歩道《ほどう》のタイルなどに利用《りよう》される。

49ページの答《こた》えは51ページ

Q360

【縦《たて》のカギ】

ワシ、サル、カメのうち、ほ乳類《にゅうるい》は○○？

ワシ

サル

カメ

Q361

【縦《たて》のカギ】

イタリアの物理学者《ぶつりがくしゃ》ガリレオ・ガリレイが、教会《きょうかい》のランプがゆれるのを見《み》て「○○○が往復《おうふく》する時《じ》間《かん》は、糸《いと》の長《なが》さごとに決《き》まっている。」という「○○○の法則《ほうそく》」を発見《はっけん》した。○○○は何《なに》？

ガリレオ・ガリレイ

Q362

【縦《たて》のカギ】

こん虫《ちゅう》の幼虫《ようちゅう》またはサナギが脱《だっ》皮《ぴ》して、成虫《せいちゅう》があらわれることを○○という。

Q363

【縦《たて》のカギ】

気圧《きあつ》が高《たか》い部分《ぶぶん》は高気圧《こうきあつ》。逆《ぎゃく》に、低《ひく》い部分《ぶぶん》は○○○○○という。

47ページの答《こた》え

Q347 ② ハダカカメガイ科《か》の生《い》き物《もの》だよ。 Q348 ① Q349 ① 空気《くうき》によくふれるためだよ。 Q350 ③ ろうが熱《ねっ》せられてできる気体《きたい》が燃《も》える。 Q351 ② ちっ素《そ》にはものを燃《も》やす働《はたら》きはない。 Q352 ② アンモニア水《すい》を熱《ねっ》するとアンモニアになるので、何《なに》も残《のこ》らない。石灰水《せっかいすい》を熱《ねっ》すると白《しろ》い粉《こな》が残《のこ》る。 Q353 ×…金属《きんぞく》をとかす化学薬品《かがくやくひん》もあるので、ガラス製《せい》の容器《ようき》を使《つか》う。

マメ知識《ちしき》 ガリレオは、天文学者《てんもんがくしゃ》としても、月《つき》や木星《もくせい》の観測《かんそく》などで偉大《いだい》な成果《せいか》を残《のこ》した。

50ページの答《こた》えは52ページ

48ページの答《こた》え

Q354 サヨウテン　漢字《かんじ》で書《か》くと「作用点《さようてん》」。 Q355 カイ　漢字《かんじ》で書《か》くと「貝《かい》（類《るい》）」。カタツムリは、陸上《りくじょう》にすむ巻貝《まきがい》のなかまの総称《そうしょう》だ。 Q356 キカ　漢字《かんじ》で書《か》くと「気化《きか》」。 Q357 リニア　Q358 エコ　Q359 ツキ　漢字《かんじ》で書《か》くと「月《つき》」。

Q364

まほうびんのお湯《ゆ》が冷《さ》めにくい最《さい》大《だい》の理由《りゆう》は？

① ふたをしているから
② 内部《ないぶ》の容器《ようき》の真空層《しんくうそう》が熱《ねつ》を外《そと》に伝《つた》えないから
③ 中《なか》の空気《くうき》が温度《おんど》を保《たも》つ働《はたら》きをするから

Q365

液体《えきたい》にとけていない物質《ぶっしつ》を、ろ紙《し》を使《つか》って液体《えきたい》から取《と》り出《だ》すことを何《なん》という？

① 蒸留《じょうりゅう》　② ろ過《か》　③ 透過《とうか》

Q366

ネコの耳《みみ》が、ヒトの耳《みみ》より聞《き》こえやすい音《おと》の特徴《とくちょう》は何《なに》？

① 高《たか》い音《おと》の方《ほう》がよく聞《き》きとれる。
② 低《ひく》い音《おと》の方《ほう》がよく聞《き》きとれる。
③ 聞《き》きとりやすさに高低《こうてい》の関係《かんけい》はない。

Q367

でんぷんが消化《しょうか》されると、最終的《さいしゅうてき》には何《なん》という物質《ぶっしつ》になる？

① ぶどう糖《とう》　② でんぷん糖《とう》
③ さんおん糖《とう》

Q368

空気《くうき》1㎤中《ちゅう》にふくむことができる水蒸気《すいじょうき》の量《りょう》は、気温《きおん》が高《たか》くなるほどどうなる？

① 多《おお》くなる　② 少《すく》なくなる
③ 変《か》わらない

Q369

木《き》をむし焼《や》きにしたとき、液体《えきたい》が発生《はっせい》する。そのうち、うすい黄《おう》かっ色《しょく》をしたものは？

① 木酢液《もくさくえき》　② 木《もく》タール
③ 木《もく》ねん液《えき》

Q370

木《き》や果物《くだもの》などを、酸素《さんそ》が入《はい》らないようにして熱《ねっ》すると何《なん》になる？

① 灰《はい》　② 炭《すみ》　③ 変化《へんか》しない

Q371

地球上《ちきゅうじょう》と月面上《げつめんじょう》ではねばかりを使《つか》って重《おも》さを測《はか》ると、重《おも》さが変《か》わる。○か×か？

Q372

野球《やきゅう》のバットの細《ほそ》い方《ほう》と太《ふと》い方《ほう》をそれぞれ持《も》って、相手《あいて》と反対《はんたい》の方《ほう》に回《まわ》すと、どちらが有利《ゆうり》？

① 細《ほそ》い方《ほう》　② 太《ふと》い方《ほう》
③ どちらも同《おな》じ

マメ知識《ちしき》 Q366の音《おと》の高《たか》さでは、イルカはヒトの耳《みみ》には聞《き》こえない高音《こうおん》でなかまと交信《こうしん》している。

51ページの答《こた》えは53ページ

Q373

面積《めんせき》の単位《たんい》「a（アール）」とは、1㎡の何倍《なんばい》？

① 10倍《ばい》　② 100倍《ばい》

③ 1000倍《ばい》　④ 10000倍《ばい》

Q374

メダカが育《そだ》つのに適《てき》した水温《すいおん》はどれくらいかな？

① 約《やく》15℃　② 約《やく》25℃

③ 約《やく》35℃

Q375

地球温暖化《ちきゅうおんだんか》の原因《げんいん》となるのが二《に》酸化炭素《さんかたんそ》。家庭《かてい》から出《で》る二酸化《にさんか》炭素《たんそ》の量《りょう》がもっとも多《おお》いのが照《しょう》明《めい》・家電製品《かでんせいひん》。次《つぎ》に多《おお》いのは何《なに》？

① 暖房器具《だんぼうきぐ》　② 給湯器《きゅうとうき》

③ 自動車《じどうしゃ》

Q376

ダイオキシンなどの、生物《せいぶつ》の成《せい》長《ちょう》や子孫《しそん》を残《のこ》すことなどに、悪《あく》影響《えいきょう》のある物質《ぶっしつ》を何《なん》という？

① 環境《かんきょう》ホルモン

② 女性《じょせい》ホルモン

③ 成長《せいちょう》ホルモン

Q377

つめは皮《ひ》ふの一部《いちぶ》だ。○か×か？

Q378

ヒトの体《からだ》から採取《さいしゅ》した細胞《さいぼう》に4つの遺伝子《いでんし》を入《い》れて作製《さくせい》した［Ⓐ］細胞《さいぼう》に刺激《しげき》をあたえていろいろな体《からだ》の組織《そしき》を作《つく》り、［Ⓑ］医療《いりょう》に役立《やくだ》てる研究《けんきゅう》が進《すす》められている。ⒶとⒷは何《なに》？

Q379

1996年《ねん》、世界《せかい》で初《はじ》めて体《からだ》の細《さい》胞《ぼう》を使《つか》って誕生《たんじょう》したクローンのドリーは、どんな動物《どうぶつ》？

① ウマ　② ブタ

③ ウシ　④ ヒツジ

Q380

木《き》の伐採《ばっさい》のしすぎや、家畜《かちく》の放《ほう》牧《ぼく》のしすぎで、植物《しょくぶつ》が育《そだ》ちにくくなり、土地《とち》が砂《さ》ばくのようになってしまうことを何《なん》という？

① 砂《さ》ばく化《か》　② 不毛地帯化《ふもうちたいか》

③ はげ山《やま》　④ ステップ

Q381

砂《さ》ばく化《か》の影響《えいきょう》を受《う》けている地《ち》域《いき》は、地球《ちきゅう》の陸地全体《りくちぜんたい》のおよそどのくらいだろう？

① 全陸地《ぜんりくち》の約《やく》10分《ぶん》の1

② 全陸地《ぜんりくち》の約《やく》6分《ぶん》の1

③ 全陸地《ぜんりくち》の約《やく》4分《ぶん》の1

49ページの答《こた》え

Q360 サル　ワシは鳥類《ちょうるい》、カメはは虫類《ちゅうるい》。ワシはタカのなかまで、大《おお》きいものをワシ、小《ちい》さいものをタカと呼《よ》ぶけど、はっきりした区別《くべつ》はないよ。カメは約《やく》2億《おく》2000万年前《まんねんまえ》から今《いま》とあまり姿《すがた》が変《か》わらず、は虫類《ちゅうるい》の中《なか》でも起源《きげん》は古《ふる》いとされているよ。　Q361 フリコ　漢字《かんじ》で書《か》くと「振《ふ》り子《こ》」。　Q362 ウカ　漢字《かんじ》で書《か》くと「羽化《うか》」。　Q363 テイキアツ　漢字《かんじ》で書《か》くと「低気圧《ていきあつ》」。

マメ知識《ちしき》　Q379の「クローン」のもともとの意味《いみ》は、「さし木《き》に使《つか》う小枝《こえだ》」だった。

50ページの答《こた》え

Q364 ② まほうびん内部《ないぶ》に真空《しんくう》（に近《ちか》い）層《そう》があり、空気《くうき》がないため熱《ねつ》を外《そと》に伝《つた》えない。 Q365 ② 液体《えきたい》はガラス棒《ぼう》などを伝《つた》わらせて注《そそ》ぐ。 Q366 ① Q367 ① Q368 ① Q369 ① 強《つよ》い刺激臭《しげきしゅう》がある。 Q370 ② Q371 ○…月面上《げつめんじょう》では、重力《じゅうりょく》が地球上《ちきゅうじょう》の6分《ぶん》の1になる。 Q372 ② ドライバーの太《ふと》いとっ手《て》をもつと、わずかな力《ちから》で細《ほそ》い方《ほう》に大《おお》きな力《ちから》を働《はたら》かせられる。

Q382

地上《ちじょう》約《やく》400kmの高《たか》さにある国《こく》際宇宙《さいうちゅう》ステーション。地上《ちじょう》から目《め》で見《み》ることはできない。○か×か？

国際宇宙《こくさいうちゅう》ステーション　©NASA

Q383

国際宇宙《こくさいうちゅう》ステーションでくらす宇《う》宙飛行士《ちゅうひこうし》に2020年《ねん》まで必要《ひつよう》な物《もの》を届《とど》た日本《にほん》の補給機《ほきゅうき》の愛称《あいしょう》は？

Q384

国際宇宙《こくさいうちゅう》ステーションは、1日《にち》に地球《ちきゅう》を約何周《やくなんしゅう》する？

① 1周《しゅう》　② 8周《しゅう》　③ 16周《しゅう》

Q385

国際宇宙《こくさいうちゅう》ステーションで、宇宙飛《うちゅうひ》行士《こうし》が話《はな》し合《あ》うとき、何語《なにご》を使《つか》う？

① 英語《えいご》

② 日本語《にほんご》

③ エスペラント語《ご》

Q386

宇宙飛行士《うちゅうひこうし》が、船外活動《せんがいかつどう》（宇宙空《うちゅうくう》間《かん》）のときに身《み》につける装備《そうび》の重《おも》さはどれくらい？

① 約《やく》20kg　② 約《やく》80kg

③ 約《やく》120kg

Q387

宇宙飛行士《うちゅうひこうし》は、宇宙滞在中《うちゅうたいざいちゅう》に、筋肉《きんにく》トレーニングを行《おこな》っている。その最大《さいだい》の理由《りゆう》は、ストレス発《はっ》散《さん》のため。○か×か？

Q388

国際宇宙《こくさいうちゅう》ステーションでは、水《みず》は貴重《きちょう》なもの。できるかぎりリサイクルして使《つか》っているんだけど、おしっこも飲《の》み水《みず》に再生《さいせい》している。○か×か？

マメ知識《ちしき》 国際宇宙《こくさいうちゅう》ステーションは、アメリカ、欧州《おうしゅう》、日本《にほん》などが協力《きょうりょく》して利用《りよう》している。

Q389

国際宇宙《こくさいうちゅう》ステーションでは、重力《じゅうりょく》の影響《えいきょう》がほとんどないため、人体《じんたい》にも目《め》に見《み》える変化《へんか》が起《お》きる。次《つぎ》のうちから2つ選《えら》ぼう。

① 顔《かお》がむくんで丸《まる》くなる。
② 下半身《かはんしん》が通常《つうじょう》より細《ほそ》くなる。
③ 鼻水《はなみず》がとまらなくなる。
④ おなかがパンパンにふくれる。

Q390

宇宙《うちゅう》に行《い》った日本《にほん》人初《じんはつ》の科学者《かがくしゃ》は？

① 秋山豊寛《あきやまとよひろ》
② 毛利衛《もうりまもる》
③ 向井千秋《むかいちあき》

Q391

これまでに、人間《にんげん》が乗《の》った宇宙《うちゅう》船《せん》の打《う》ち上《あ》げを成功《せいこう》させたことがない国《くに》は？

① アメリカ　② ロシア
③ 日本《にほん》　④ 中国《ちゅうごく》

Q392

2009年《ねん》9月《がつ》に打《う》ち上《あ》げに成功《せいこう》した、日本《にほん》のロケットは？

① H-ⅡA《エイチツーエー》ロケット
② H-ⅡB《エイチツービー》ロケット
③ H-ⅡC《エイチツーシー》ロケット

Q393

地上《ちじょう》600kmの宇宙空間《うちゅうくうかん》で宇宙《うちゅう》を観測《かんそく》するハッブル宇宙望遠鏡《うちゅうぼうえんきょう》。宇宙《うちゅう》で観測《かんそく》するいちばんの理由《りゆう》は？

① 空気《くうき》や天候《てんこう》に左右《さゆう》されないから
② 少《すこ》しでも星《ほし》に近《ちか》づいて撮影《さつえい》するため
③ 標高《ひょうこう》の高《たか》い山《やま》に望遠鏡《ぼうえんきょう》を運《はこ》ぶのは大変《たいへん》だから

ハッブル宇宙望遠鏡《うちゅうぼうえんきょう》　©NASA

Q394

ハッブル宇宙望遠鏡《うちゅうぼうえんきょう》では、100億《おく》光年先《こうねんさき》の銀河《ぎんが》の光《ひかり》を観測《かんそく》できた。この光《ひかり》は、何年前《なんねんまえ》に光《ひか》ったもの？

① 10億年前《おくねんまえ》　② 50億年前《おくねんまえ》
③ 100億年前《おくねんまえ》

Q395

ハッブル宇宙望遠鏡《うちゅうぼうえんきょう》は、天文学《てんもんがく》者《しゃ》ハッブルが作《つく》った。○か×か？

51ページの答《こた》え

Q373 ② Q374 ② Q375 ③ 照明《しょうめい》・家電製品《かでんせいひん》が30%、自動車《じどうしゃ》は26%だよ。 Q376 ① Q377 ○…つめは皮《ひ》ふの角質層《かくしつそう》が厚《あつ》くなったもの。 Q378 Ⓐ…iPS Ⓑ…再生《さいせい》 2006年《ねん》に山中伸弥博士《やまなかしんやはかせ》が作《つく》ったよ。 Q379 ④ クローンヒツジのドリーは、2003年《ねん》に6才《さい》で死亡《しぼう》。 Q380 ① Q381 ③ 砂《さ》ばく化《か》の影響《えいきょう》を受《う》けている土地《とち》の面積《めんせき》は約《やく》36億《おく》haにおよぶ。

マメ知識《ちしき》　国際宇宙《こくさいうちゅう》ステーションは、2011年《ねん》に完成《かんせい》し、2024年《ねん》までの運用《うんよう》が予定《よてい》されている。

54ページの答《こた》えは56ページ

Q396

電気回路図《でんきかいろず》で、右《みぎ》の記号《きごう》は何《なに》を表《あらわ》す？

Q397

電気回路図《でんきかいろず》で、右《みぎ》の記号《きごう》は何《なに》を表《あらわ》す？

Q398

電気回路図《でんきかいろず》で、右《みぎ》の記号《きごう》は何《なに》を表《あらわ》す？

Q399

電気回路図《でんきかいろず》で、右《みぎ》の記号《きごう》は何《なに》を表《あらわ》す？

Q400

地球《ちきゅう》が誕生《たんじょう》してから46億年《おくねん》たつといわれている。その長《なが》さを1年《ねん》に例《たと》えると、人類《じんるい》の歴史《れきし》はおよそどれぐらいの時間《じかん》だろう？

① 約《やく》1か月《げつ》
② 約《やく》10日《か》
③ 約《やく》1日《にち》
④ 約《やく》13時間《じかん》

Q401

アルミ缶《かん》1個《こ》（18g）を原料《げんりょう》からつくるのにつかう電力量《でんりょくりょう》は、家庭用《かていよう》100Wの白熱電球《はくねつでんきゅう》を約《やく》5.5時間《じかん》つけるときと同《おな》じくらいだよ。では、アルミ缶《かん》1個《こ》をリサイクルするのにつかう電力量《でんりょくりょう》はその約何《やくなん》％？

① 約《やく》3％　② 約《やく》15％　③ 約《やく》30％

Q402

900℃～1300℃の温度《おんど》、4万《まん》～6万気圧《まんきあつ》の圧力《あつりょく》で炭素《たんそ》が結晶《けっしょう》したものとは？

① ルビー　② 金《きん》
③ ダイヤモンド

Q403

次《つぎ》の3つのヒントは、凹《おう》レンズ、凸《とつ》レンズのどちらだろう？

ヒント①…光《ひかり》を集《あつ》める。
ヒント②…小《ちい》さいものが大《おお》きく見《み》える。
ヒント③…目《め》からはなして見《み》ると、けしきが逆《さか》さに見《み》える。

Q404

凸《とつ》レンズを2枚重《まいかさ》ねて物《もの》を見《み》ると、1枚《まい》のときより、どうなる？

① 物《もの》が大《おお》きく見《み》える。
② 物《もの》が小《ちい》さく見《み》える。
③ 物《もの》が見《み》えにくくなる。

52ページの答《こた》え

Q382 ×…天気《てんき》などの条件《じょうけん》が合《あ》えば、移動《いどう》する光《ひかり》の点《てん》として観測《かんそく》することができる。 Q383 コウノトリ H-ⅡB《エイチツービー》ロケットで打《う》ち上《あ》げて補給《ほきゅう》した。 Q384 ③ 秒速約《びょうそくやく》7.7km。地球《ちきゅう》を約《やく》90分《ぷん》で1周《しゅう》する。 Q385 ① Q386 ③ Q387 ×…重力《じゅうりょく》の影響《えいきょう》がほとんどないので、あまり筋肉《きんにく》を使《つか》わず弱《よわ》ってしまうのを防《ふせ》ぐのが最大《さいだい》の理由《りゆう》。 Q388 ○

マメ知識《ちしき》　Q400のように、地球《ちきゅう》の歴史《れきし》を1年《ねん》に例《たと》えて見《み》ることを「地球《ちきゅう》カレンダー」という。

Q405

水銀《すいぎん》はふだんの気温《きおん》の中《なか》ではただ一《ひと》つの液体《えきたい》の金属《きんぞく》。水銀《すいぎん》の中《なか》に鉄球《てっきゅう》を入《い》れると、どうなる？

① 水銀《すいぎん》の底《そこ》にしずむ。
② 水銀《すいぎん》の表面《ひょうめん》に浮《う》かぶ。
③ しずみも浮《う》かびもしない。

Q406

てこがつり合《あ》うのは、「Ⓐからの距離《きょり》」×「Ⓑ」の値《あたい》が、Ⓐの左右《さゆう》で等《ひと》しくなったとき。ⒶとⒷに入《はい》るのは、それぞれ何《なに》？

Q407

固体《こたい》をとかした水溶液《すいようえき》を加熱《かねつ》したとき、蒸発《じょうはつ》するのは何《なに》？

① 水《みず》にとけた固体《こたい》
② 水《みず》　③ 固体《こたい》と水《みず》

Q408

氷《こおり》に糸《いと》をたらして身近《みぢか》にある白《しろ》い粉《こな》をかけると、氷《こおり》をつり上《あ》げることができるよ。白《しろ》い粉《こな》は何《なに》？

① 塩《しお》　② 砂糖《さとう》　③ 小麦粉《こむぎこ》

Q409

体《からだ》の中《なか》で強《つよ》い電気《でんき》を起《お》こして、えものをとったり、身《み》を守《まも》ったりする生《い》き物《もの》がいる。○か×か？

Q410

走《はし》っている電車《でんしゃ》でジャンプしても、同《おな》じ場所《ばしょ》に落《お》ちるのはなぜ？

① ジャンプした人《ひと》も、電車《でんしゃ》と一緒《いっしょ》に動《うご》いているから。
② 電車内《でんしゃない》の空気《くうき》におされてしまうから。
③ 電車《でんしゃ》の動《うご》く力《ちから》に引《ひ》っ張《ぱ》られるから。

Q411

メダカの卵《たまご》は適《てき》した水温《すいおん》だと、約何日《やくなんにち》でかえる？

① 約《やく》４日間《かかん》
② 約《やく》７日間《かかん》
③ 約《やく》11日間《にちかん》

Q412

光《ひかり》のエネルギーを電気《でんき》エネルギーにかえる電池《でんち》は、光《ひかり》を当《あ》てると電《でん》流《りゅう》が流《なが》れる。では、当《あ》てる光《ひかり》を強《つよ》くすると、電流《でんりゅう》はどうなる？

① 大《おお》きくなる。
② 大《おお》きさは変《か》わらない。
③ 小《ちい》さくなる。

Q413

ＩＣ《アイシー》カードには、コイルが入《はい》っている。○か×か？

53ページの答《こた》え

Q389 ①と② 重力《じゅうりょく》の影響《えいきょう》がほとんどなく、血液《けつえき》が体中《からだじゅう》に均等《きんとう》に流《なが》れるため、起《お》きる変化《へんか》。 Q390 ② 1990年《ねん》、日本人《にほんじん》で初《はじ》めて宇宙《うちゅう》に行《い》った秋山《あきやま》さんは放送記者《ほうそうきしゃ》。 Q391 ③ 日本《にほん》はまだなんだ。 Q392 ② Q393 ① 空気《くうき》があると、像《ぞう》がゆらいでしまうのだ。 Q394 ③ Q395 ×…宇宙《うちゅう》がふくらんでいることを発見《はっけん》した、アメリカの天文学者《てんもんがくしゃ》ハッブルにちなんで名付《なづ》けられた。

マメ知識《ちしき》　Q413のＩＣ《アイシー》カードは、クレジットカードや電車《でんしゃ》のパスカードなどに使《つか》われている。

Q414

止《と》まっているおもりに、それより軽《かる》いおもりをぶつけると、ぶつけた方《ほう》のおもりはどうなる？

① はね返《かえ》される　② 止《と》まる
③ 同《おな》じ向《む》きに進《すす》む

Q415

止《と》まっているおもりに、それより重《おも》いおもりをぶつけると、ぶつけた方《ほう》のおもりはどうなる？

① はね返《かえ》される　② 止《と》まる
③ 同《おな》じ向《む》きに進《すす》む

Q416

止《と》まっているおもりに、同《おな》じ重《おも》さのおもりをぶつけると、ぶつけた方《ほう》のおもりはどうなる？

① はね返《かえ》される　② 止《と》まる
③ 同《おな》じ向《む》きに進《すす》む

Q417

同《おな》じ重《おも》さのおもりを動《うご》かすとき、おもりの動《うご》きが速《はや》いほど、その先《さき》にある物《もの》を動《うご》かす力《ちから》はどうなる？

① 大《おお》きい
② 小《ちい》さい
③ 変《か》わらない

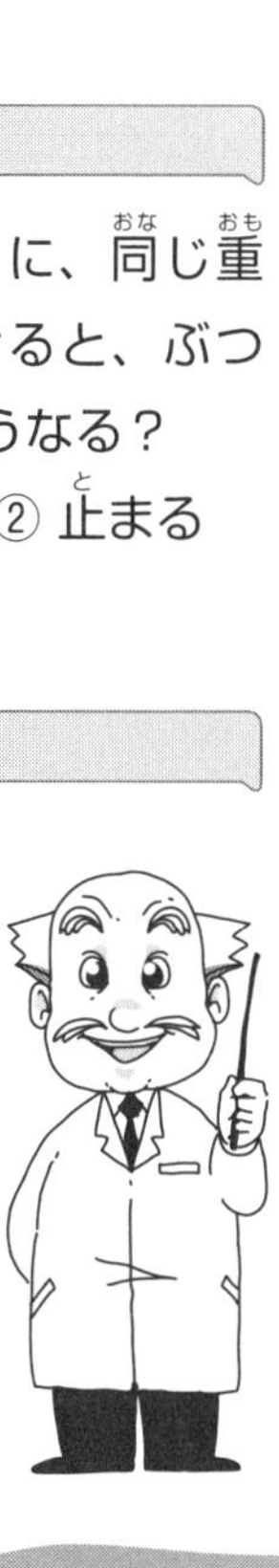

Q418

おもりが同《おな》じ速《はや》さで動《うご》くとき、それが重《おも》ければ重《おも》いほど、その先《さき》にある物《もの》を動《うご》かす働《はたら》きはどうなる？

① 大《おお》きい
② 小《ちい》さい
③ 変《か》わらない

Q419

おもりをなめらかな斜面《しゃめん》で転《ころ》がしたとき、おもりの速《はや》さはだんだんとどうなる？

① おそくなる　② 速《はや》くなる
③ 変《か》わらない

Q420

斜面《しゃめん》を転《ころ》がったおもりが、反対《はんたい》斜面《しゃめん》をのぼるとき、おもりの速《はや》さはどうなる？

① だんだんおそくなる
② だんだん速《はや》くなる
③ 変《か》わらない

Q421

ロケットが下《した》のノズルから高温《こうおん》・高圧《こうあつ》のガスを噴《ふ》き出《だ》して上空《じょうくう》に飛《と》び出《だ》すしくみを、Ⓐ・反《はん》Ⓐの原理《げんり》という。Ⓐに入《はい》る言葉《ことば》は？

54ページの答《こた》え

Q396 コイル　Q397 スイッチ　Q398 電球《でんきゅう》(豆電球《まめでんきゅう》)　Q399 電池《でんち》(乾電池《かんでんち》)　Q400 ④ 人類《じんるい》の歴史《れきし》は、およそ700万年《まんねん》だよ。
Q401 ① アルミニウムは、ボーキサイトという原料《げんりょう》からアルミナ(酸化《さんか》アルミニウム)をつくり、それを電気《でんき》分解《ぶんかい》してつくるので、大量《たいりょう》の電力《でんりょく》をつかうよ。　Q402 ③　Q403 凸《とつ》レンズ　Q404 ①

マメ知識《ちしき》　おもりに加《くわ》える力《ちから》と運動《うんどう》の速《はや》さの関係《かんけい》(運動《うんどう》の法則《ほうそく》)を発見《はっけん》したのは、ニュートンだよ。

57ページの答《こた》えは59ページ

Q422

放射線《ほうしゃせん》は、食《た》べ物《もの》や地面《じめん》などからも放出《ほうしゅつ》されている。○か×か？

Q423

エジソンが発明《はつめい》した電球《でんきゅう》のフィラメントに使《つか》われたのは、わらである。○か×か？

Q424

電球《でんきゅう》などの光《ひかり》は、光《ひかり》が発《はっ》せられているところから遠《とお》ざかるほど、どうなる？

① 広《ひろ》がる　② せばまる
③ 変《か》わらない

Q425

次《つぎ》のうち、大気圧《たいきあつ》を利用《りよう》していないものはどれ？

① きゅうす
② しょう油《ゆ》さし
③ ボーリングの玉《たま》
④ 底《そこ》に穴《あな》のあくプリンの容器《ようき》

Q426

地震《じしん》が起《お》きるときのエネルギーの大《おお》きさの単位《たんい》を何《なん》という？

① S波《は》　② P波《は》
③ 震度《しんど》
④ マグニチュード

Q427

バラとイチゴは同《おな》じなかまの植《しょく》物《ぶつ》だ。○か×か？

バラの花《はな》

Q428

チューリップは球根《きゅうこん》だけでなく、種子《しゅし》からも育《そだ》てることができる。○か×か？

Q429

では、サツマイモは、根《ね》・茎《くき》・葉《は》のどの部分《ぶぶん》？

① 根《ね》　② 茎《くき》　③ 葉《は》

Q430

空《そら》から落《お》ちてくる氷《こおり》のつぶ、ひょうとあられのちがいは？

① 夏《なつ》に降《ふ》るのがひょう、冬《ふゆ》に降《ふ》るのがあられ。
② 大《おお》きいのがひょう、小《ちい》さいのがあられ。
③ まったく同《おな》じもので、地方《ちほう》によって呼《よ》び名《な》がことなる。

55ページの答《こた》え

Q405 ② 同《おな》じ体積《たいせき》なら、鉄《てつ》より水銀《すいぎん》の方《ほう》が重《おも》い。 Q406 Ⓐ…支点《してん》 Ⓑ…重《おも》さ（力《ちから》） Q407 ② Q408 ① 塩《しお》には温度《おんど》を下《さ》げる性質《せいしつ》がある。とけかけた氷《こおり》に糸《いと》をのせ、塩《しお》をかけると糸《いと》の周《まわ》りの水《みず》もいっしょにこおるため、つり上《あ》げることができる。 Q409 ○…デンキウナギやシビレエイなどは、強《つよ》い電気《でんき》を起《お》こすよ。 Q410 ① Q411 ③ Q412 ① Q413 ○

マメ知識《ちしき》　ジャガイモはナス科《か》、サツマイモはヒルガオ科《か》で、イモとはいってもちがうなかまの植物《しょくぶつ》。

56ページの答《こた》え

Q414 ① Q415 ③ ぶつけるおもりが重《おも》くなるほど、ぶつけられたものは大《おお》きく動《うご》くよ。 Q416 ② Q417 ① Q418 ① Q419 ② 斜面《しゃめん》の傾《かたむ》きが大《おお》きくなるほど、おもりの転《ころ》がる速《はや》さは速《はや》くなる。 Q420 ① Q421 作用《さよう》 ロケットは噴《ふ》き出《だ》すガスの働《はたら》き（作用《さよう》）の反動《はんどう》（反作用《はんさよう》）で進《すす》む。

58〜59ページは、日本《にほん》の科学分野《かがくぶんや》でのノーベル賞受賞者《しょうじゅしょうしゃ》についてのクイズだよ。□に当《あ》てはまる漢字《かんじ》を答《こた》えて、受賞者《じゅしょうしゃ》の名前《なまえ》を完成《かんせい》させよう！

Q431

日本人初《にほんじんはつ》の受賞者《じゅしょうしゃ》。原子核《げんしかく》の中《なか》に素粒子《そりゅうし》が存在《そんざい》することを予言《よげん》。

湯《ゆ》□秀《ひで》樹《き》

Q432

「くりこみ理論《りろん》」を発表《はっぴょう》、素粒子論《そりゅうしろん》の発展《はってん》に影響《えいきょう》をあたえた。

□永振一郎《ながしんいちろう》

Q433

ゲルマニウムに不純物《ふじゅんぶつ》をたくさんふくませると、低《ひく》い電圧《でんあつ》でも電流《でんりゅう》が流《なが》れることを発見《はっけん》。

□崎玲於奈《さきれおな》

Q434

「フロンティア軌道理論《きどうりろん》」など、多《おお》くの化《か》学反応《がくはんのう》に当《あ》てはまる理論《りろん》を発表《はっぴょう》。

福《ふく》□謙一《けんいち》

Q435

遺伝子工学《いでんしこうがく》の技術《ぎじゅつ》を使《つか》い、分子免疫学《ぶんしめんえきがく》という学問《がくもん》の基礎《きそ》を築《きず》いた。

利《と》□川進《がわすすむ》

Q436

電気《でんき》を通《とお》すプラスチックを作《つく》り出《だ》すことに成功《せいこう》した。

□川英樹《かわひでき》

マメ知識《ちしき》 ノーベル賞《しょう》は、ダイナマイトの発明者《はつめいしゃ》ノーベルの遺言《ゆいごん》で設立《せつりつ》された。

59ページの答《こた》えは61ページ

Q437

必要《ひつよう》な化合物《かごうぶつ》を効率《こうりつ》よく作《つく》る方法《ほうほう》を考案《こうあん》。その成果《せいか》は、医薬品製造《いやくひんせいぞう》に役立《やくだ》てられている。

野依良《のよりりょう》□

Q438

レーザーを使《つか》って、タンパク質《しつ》を気化《きか》させ、イオンにする方法《ほうほう》を発見《はっけん》。サラリーマンが受賞《じゅしょう》、ということでも話題《わだい》に。

田中耕《たなかこう》□

Q439

さまざまな細胞《さいぼう》に成長《せいちょう》できる能力《のうりょく》を持《も》つiPS細胞《さいぼう》を作《つく》った。

山中《やまなか》□弥《や》

Q440

宇宙《うちゅう》からやってくる宇宙線《うちゅうせん》が大気《たいき》にぶつかって発生《はっせい》するニュートリノを観測《かんそく》し、素粒子《そりゅうし》に質量《しつりょう》があることを証明《しょうめい》。

梶《かじ》□隆章《たかあき》

Q441

線虫《せんちゅう》の寄生《きせい》が原因《げんいん》で起《お》こる感染症《かんせんしょう》の新治《しんち》療法《りょうほう》を発見《はっけん》。

大《おお》□智《さとし》

Q442

細胞内《さいぼうない》の異常《いじょう》なタンパク質《しつ》を分解《ぶんかい》したり細菌《さいきん》を取《と》り除《のぞ》いたりするしくみを発見《はっけん》。

□隅良典《すみよしのり》

Q443

スマートフォンや電気自動車《でんきじどうしゃ》などに使《つか》われる、リチウムイオン電池《でんち》を開発《かいはつ》。

□野彰《のあきら》

57ページの答《こた》え

Q422 ○…放射線《ほうしゃせん》は、身《み》の周《まわ》りにふつうにあるけど、とても弱《よわ》いので、人体《じんたい》に影響《えいきょう》はないとされる。 Q423 ×…日本《にほん》の竹《たけ》が使《つか》われた。 Q424 ① 光《ひかり》が広《ひろ》がるので、かげも大《おお》きくなる。 Q425 ③ ①②④には、小《ちい》さな穴《あな》があいている。この穴《あな》から空気《くうき》が入《はい》るので、中身《なかみ》が出《で》るんだ。 Q426 ④ 地面《じめん》のゆれの大《おお》きさは震度《しんど》という。 Q427 ○…バラ科《か》の植物《しょくぶつ》だ。 Q428 ○ Q429 ① Q430 ②

マメ知識《ちしき》 Q440の人《ひと》は、ノーベル物理学賞《ぶつりがくしょう》を受賞《じゅしょう》した小柴昌俊《こしばまさとし》の研究《けんきゅう》を引《ひ》き継《つ》ぎ、発展《はってん》させた。

60ページの答《こた》えは62ページ

58ページの答《こた》え

Q431 川《かわ》 湯川秀樹《ゆかわひでき》＝1949年《ねん》に物理学賞《ぶつりがくしょう》を受賞《じゅしょう》。 Q432 朝《とも》 朝永振一郎《ともながしんいちろう》＝1965年《ねん》に物理学賞《ぶつりがくしょう》を受賞《じゅしょう》。 Q433 江《え》 江崎玲於《えさきれお》奈《な》＝1973年《ねん》に物理学賞《ぶつりがくしょう》を受賞《じゅしょう》。 Q434 井《い》 福井謙一《ふくいけんいち》＝1981年《ねん》に化学賞《かがくしょう》を受賞《じゅしょう》。 Q435 根《ね》 利根川進《とねがわすすむ》＝1987年《ねん》に生理学《せいりがく》・医《い》学賞《がくしょう》を受賞《じゅしょう》。 Q436 白《しら》 白川英樹《しらかわひでき》＝2000年《ねん》に化学賞《かがくしょう》を受賞《じゅしょう》。

右《みぎ》は、植物《しょくぶつ》の成長途中《せいちょうとちゅう》のイラストよ。A～Dに入《はい》る、各部分《かくぶぶん》の名称《めいしょう》を答《こた》えよう。

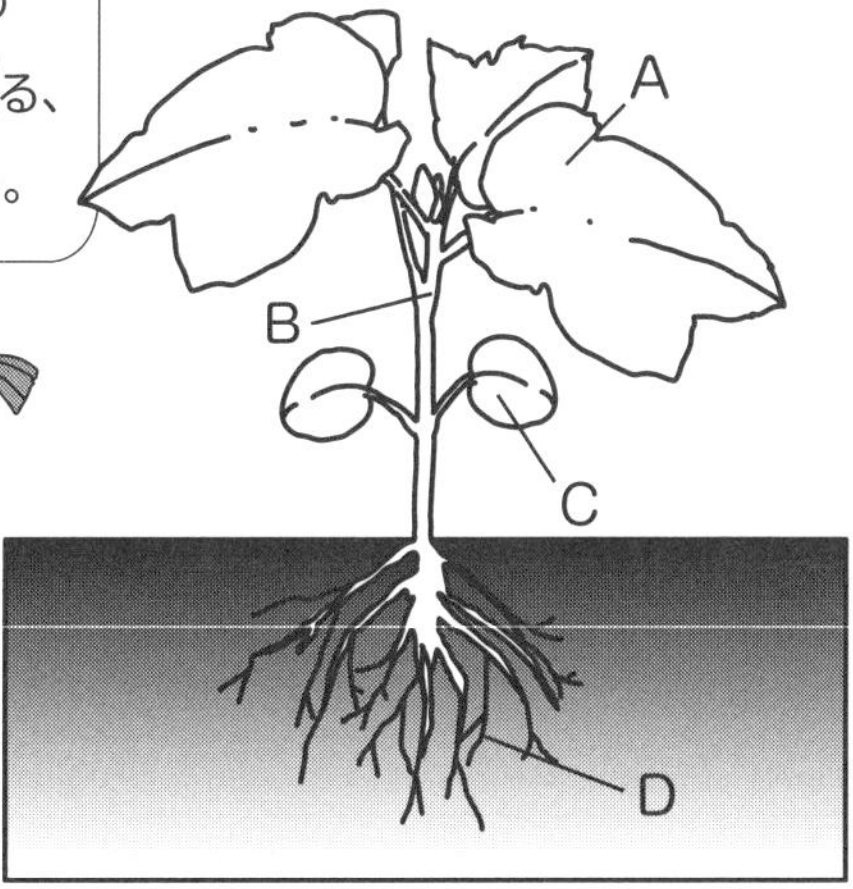

Q444

Aは何《なに》？

Q445

Bは何《なに》？

Q446

Cは何《なに》？

Q447

Dは何《なに》？

Q448

背骨《せぼね》をもたない生《い》き物《もの》は、次《つぎ》のうちどれ？

① サメ　② ネコ　③ タコ

Q449

骨《ほね》はおもに何《なに》からできている？

① ビタミン　② 鉄分《てつぶん》

③ カルシウム

Q450

背骨《せぼね》などのつなぎ目《め》にある、やわらかい骨《ほね》を何《なん》という？

① つい骨《こつ》

② ろっ骨《こつ》

③ なん骨《こつ》

Q451

首《くび》から腰《こし》まで連《つら》なっている骨《ほね》で、体《からだ》を支《ささ》える働《はたら》きがあるのは？

① 背骨《せぼね》(脊椎《せきつい》)

② ろっ骨《こつ》

③ 骨《こつ》ばん

Q452

うでやあしのように、よく動《うご》く部分《ぶぶん》の２つの骨《ほね》をつなぐところを何《なん》という？

① 骨《こつ》ばん　② 関節《かんせつ》

③ 接続骨《せつぞくこつ》　④ なん骨《こつ》

Q453

地層《ちそう》の中《なか》から、動物《どうぶつ》の化石《かせき》ではなく、動物《どうぶつ》の足《あし》あとの化石《かせき》が見《み》つかることもある。○か×か？

マメ知識《ちしき》

Q448のように背骨《せぼね》のない動物《どうぶつ》を無《む》セキツイ動物《どうぶつ》、背骨《せぼね》がある動物《どうぶつ》をセキツイ動物《どうぶつ》という。

61ページの答《こた》えは63ページ

Q454

でい岩《がん》、砂岩《さがん》、れき岩《がん》で、岩《いわ》をつくるつぶの小《ちい》さい順《じゅん》になっているのはどれ？

① でい岩《がん》、砂岩《さがん》、れき岩《がん》
② 砂岩《さがん》、れき岩《がん》、でい岩《がん》
③ れき岩《がん》、でい岩《がん》、砂岩《さがん》

Q455

石川県白山市《いしかわけんはくさんし》では、1934年《ねん》の手取川《てどりがわ》の水害《すいがい》で、巨大《きょだい》な岩《いわ》が流《なが》された。それはどれくらいの重《おも》さの岩《いわ》だった？

① 約《やく》129トンの岩《いわ》
② 約《やく》1362トンの岩《いわ》
③ 約《やく》3580トンの岩《いわ》
④ 約《やく》4839トンの岩《いわ》

Q456

深海底《しんかいてい》には、燃《も》える氷《こおり》とよばれるものがある。○か×か？

Q457

火山活動《かざんかつどう》による「よう岩流《がんりゅう》」によって、つくられた湖《みずうみ》がある。○か×か？

Q458

地層《ちそう》には、曲《ま》がったものはない。○か×か？

Q459

キリギリスは「ギーチョン」、マツムシは「チッチロリッ」と鳴《な》き声《ごえ》が聞《き》こえるけど、スズムシは何《なん》と鳴《な》く？

① コロコロリーリー
② リーンリーン
③ ガチャガチャ

Q460

大《おお》きな建物《たてもの》を建《た》てるとき、[A]の様子《ようす》を調《しら》べるため、機械《きかい》で穴《あな》をほって[A]のものを取《と》り出《だ》す。この作業《さぎょう》を[B]という。[A]と[B]に入《はい》る言葉《ことば》の組《く》み合《あ》わせとして正《ただ》しいのはどれ？

① A－地下《ちか》　B－ボーリング
② A－地表《ちひょう》　B－ダウジング
③ A－地下《ちか》　B－ダウジング

Q461

下《した》のカードを正《ただ》しく並《なら》べて、もっとも低《ひく》い温度《おんど》の名前《なまえ》を完成《かんせい》させよう！

レ	ゼ	ド	イ
ツ	イ	タ	

59ページの答《こた》え

Q437 治《じ》　野依良治《のよりりょうじ》＝2001年《ねん》に化学賞《かがくしょう》を受賞《じゅしょう》。　Q438 一《いち》　田中耕一《たなかこういち》＝2002年《ねん》に化学賞《かがくしょう》を受賞《じゅしょう》。　Q439 伸《しん》　山中伸弥《やまなかしんや》＝2012年《ねん》に生理学《せいりがく》・医学賞《いがくしょう》を受賞《じゅしょう》。　Q440 田《た》　梶田隆章《かじたたかあき》＝2015年《ねん》に物理学賞《ぶつりがくしょう》を受賞《じゅしょう》。　Q441 村《むら》　大村智《おおむらさとし》＝2015年《ねん》に生理学《せいりがく》・医学賞《がくしょう》を受賞《じゅしょう》。　Q442 大《おお》　大隅良典《おおすみよしのり》＝2016年《ねん》に生理学《せいりがく》・医学賞《いがくしょう》を受賞《じゅしょう》。　Q443 吉《よし》　吉野彰《よしのあきら》＝2019年《ねん》に化学賞《かがくしょう》を受賞《じゅしょう》。

マメ知識《ちしき》　Q461は理論上《りろんじょう》もっとも低《ひく》い温度《おんど》のことで、約《やく》－273℃。それ以下《いか》にはならないとされる。

62ページの答《こた》えは64ページ

Q462

世界一大《せかいいちおお》きな花《はな》、ラフレシアの花《はな》の直径《ちょっけい》はどれくらい？

① 約《やく》30cm　② 約《やく》60cm
③ 約《やく》100cm　④ 約《やく》200cm

Q463

世界一小《せかいいちちい》さな花《はな》、ミジンコウキクサの花《はな》の直径《ちょっけい》はどれくらい？

① 1.4～1.5mm
② 0.8～0.9mm
③ 0.1～0.2mm

Q464

アリが食《た》べ物《もの》の位置《いち》や巣《す》の場所《ばしょ》をなかまに教《おし》えるために、はらの先《さき》から出《だ》す特別《とくべつ》なにおいとは？

① 位置伝達《いちでんたつ》フェロモン
② 道《みち》しるべフェロモン
③ 情報《じょうほう》フェロモン

Q465

次《つぎ》の３つのヒントは、トンボのなかま、チョウのなかまの、どちらを説明《せつめい》したものかな？

ヒント①…幼虫《ようちゅう》のころは水《みず》の中《なか》でくらすよ。
ヒント②…さなぎにはならずに成虫《せいちゅう》になるよ。
ヒント③…虫《むし》をつかまえて食《た》べるよ。

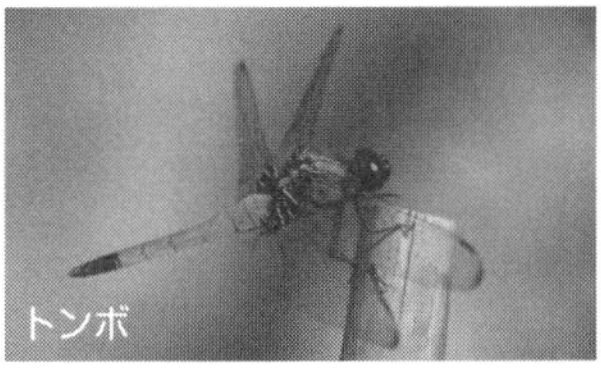

Q466

滝《たき》はこおらない。○か×か？

Q467

Ⓐ 極《きょく》は大陸《たいりく》で厚《あつ》い氷《こおり》におおわれているが、Ⓑ 極《きょく》は海《うみ》の上《うえ》に厚《あつ》い氷《こおり》が浮《う》いているだけで、大《たい》陸《りく》ではない。ⒶとⒷに入《はい》る方角《ほうがく》は？

Q468

コップに水《みず》を半分入《はんぶんい》れ、その上《うえ》にある液体《えきたい》を入《い》れ、その中《なか》に氷《こおり》を入《い》れると、氷《こおり》はコップの真《ま》ん中《なか》で浮《う》く。何《なに》を入《い》れるとそんなことができる？

① 牛乳《ぎゅうにゅう》　② サラダ油《あぶら》　③ 湯《ゆ》

Q469

気体《きたい》は水《みず》にとけない。○か×か？

60ページの答《こた》え

Q444 葉《は》　Q445 茎《くき》　Q446 子葉《しよう》（最初《さいしょ》の葉《は》で、2枚《まい》はえる植物《しょくぶつ》の場合《ばあい》、ふた葉《ば》ともいう）　Q447 根《ね》　Q448 ③
Q449 ③　Q450 ③ 背骨《せぼね》はなん骨《こつ》がなかだちをしてつながっており、関節《かんせつ》ほどではないが、少《すこ》し曲《ま》がることができる。
Q451 ①　Q452 ②　Q453 ○…化石《かせき》は動植物《どうしょくぶつ》に限《かぎ》らず、足《あし》あとやすあなも化石《かせき》になる。

マメ知識《ちしき》 Q462のラフレシアの開花期間《かいかきかん》は約《やく》１週間《しゅうかん》。くさいにおいでハエをおびき寄《よ》せて受粉《じゅふん》する。

63ページの答《こた》えは65ページ

Q470

富士山《ふじさん》などの火山灰《かざんばい》が、強《つよ》い西風《にしかぜ》に運《はこ》ばれて降《ふ》り積《つ》もってできた、赤《あか》い色《いろ》の多《おお》い地層《ちそう》は何《なん》という？

① シラス層《そう》　② 関東《かんとう》ローム層《そう》

③ アカス層《そう》

Q471

富士山《ふじさん》のような、溶岩流《ようがんりゅう》や火山灰《かざんばい》などがくり返《かえ》し積《つ》もってできた円《えん》すい形《けい》の山《やま》を何《なん》という？

① 砕屑丘《さいせつきゅう》　② 成層火山《せいそうかざん》

③ 楯状火山《たてじょうかざん》

④ 溶岩《ようがん》ドーム

Q472

北海道《ほっかいどう》の昭和新山《しょうわしんざん》のように、ねばり気《け》の強《つよ》くて、流《なが》れにくいマグマで盛《も》り上《あ》がった火山《かざん》は何《なん》という？

① 砕屑丘《さいせつきゅう》　② 成層火山《せいそうかざん》

③ 楯状火山《たてじょうかざん》

④ 溶岩《ようがん》ドーム

Q473

熊本県《くまもとけん》の阿蘇山《あそさん》のように、大量《たいりょう》のマグマがふきだし、山頂《さんちょう》が落《お》ちくぼんでできた地形《ちけい》を何《なん》という？

① 砕屑丘《さいせつきゅう》　② 成層火山《せいそうかざん》

③ カルデラ

④ 溶岩《ようがん》ドーム

Q474

ヒトの目《め》の網膜《もうまく》には、色《いろ》を見分《みわ》ける細胞《さいぼう》と、明《あか》るさを感《かん》じる細胞《さいぼう》がある。どちらの方《ほう》が多《おお》い？

① 色《いろ》を見分《みわ》ける細胞《さいぼう》

② 明《あか》るさを感《かん》じる細胞《さいぼう》

③ どちらも同《おな》じ数《かず》だけある

Q475

ヒトによって、目《め》の色《いろ》がちがうのはなぜ？

① メラニン色素《しきそ》の量《りょう》のちがい

② 水晶体《すいしょうたい》の種類《しゅるい》のちがい

③ 瞳孔《どうこう》の大《おお》きさのちがい

Q476

目《め》を上下左右《じょうげさゆう》に動《うご》かせるのは、眼球《がんきゅう》の周《まわ》りに筋肉《きんにく》があるから。この筋肉《きんにく》はいくつある？

① 1つ

② 3つ　③ 6つ

Q477

1mLの量《りょう》の水《みず》の重《おも》さは Ⓐ gになる。Ⓐに入《はい》る数字《すうじ》は？

Q478

イチゴの実《み》の小《ちい》さなつぶを水《みず》でしめらせたティッシュにのせておくと、発芽《はつが》する。○か×か？

61ページの答《こた》え

Q454 ①　Q455 ④　Q456 ○…メタンハイドレートは、燃《も》えやすいメタンがシャーベット状《じょう》になっているよ。
Q457 ○…栃木県《とちぎけん》の中禅寺湖《ちゅうぜんじこ》は、川《かわ》がよう岩流《がんりゅう》でせきとめられてできたせきとめ湖《こ》だ。　Q458 ×…曲《ま》がった地層《ちそう》はしゅう曲《きょく》という。　Q459 ② ①はエンマコオロギ、③はクツワムシ。　Q460 ①　Q461 ゼッタイレイド（絶対零度《ぜったいれいど》）

マメ知識《ちしき》　Q474の網膜《もうまく》には、光《ひかり》の色《いろ》や明《あか》るさを感《かん》じる細胞《さいぼう》があり、外《そと》の景色《けしき》を光《ひかり》として感《かん》じる。

64ページの答《こた》えは66ページ

64~65ページは、太陽系《たいようけい》の惑星《わくせい》の平均表面温度《へいきんひょうめんおんど》、大《おお》きさ(赤道《せきどう》の直径《ちょっけい》)の問題《もんだい》だ。
右《みぎ》のリストから選《えら》んで、答《こた》えよう！ 表面温度《ひょうめんおんど》は太陽《たいよう》に近《ちか》いほど高《たか》い傾向《けいこう》にある。まず地球《ちきゅう》の表面温度《ひょうめんおんど》や大《おお》きさをもとにして考《かんが》えるとわかりやすいぞ。

Q479

水星《すいせい》の平均《へいきん》の表面温度《ひょうめんおんど》は？

Q480

水星《すいせい》の大《おお》きさは？

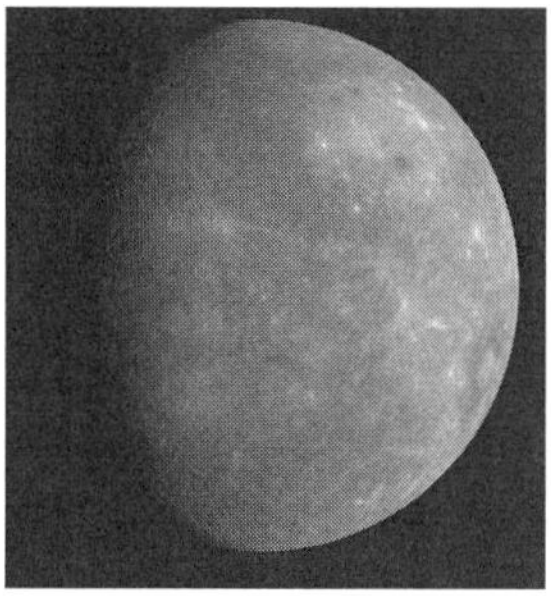

©NASA

Q481

金星《きんせい》の平均《へいきん》の表面温度《ひょうめんおんど》は？

Q482

金星《きんせい》の大《おお》きさは？

©NASA

Q483

地球《ちきゅう》の平均《へいきん》の表面温度《ひょうめんおんど》は？

Q484

地球《ちきゅう》の大《おお》きさは？

©NASA

Q485

火星《かせい》の平均《へいきん》の表面温度《ひょうめんおんど》は？

Q486

火星《かせい》の大《おお》きさは？

©NASA

62ページの答《こた》え

Q462 ③ Q463 ③ Q464 ② Q465 トンボのなかま…トンボのように、さなぎにならず成虫《せいちゅう》になることを「不完全変態《ふかんぜんへんたい》」という。
Q466 ×…気温《きおん》によっては、滝《たき》も寒《さむ》さでこおる。 Q467 Ⓐ…南《なん》 Ⓑ…北《ほっ》 Q468 ② 氷《こおり》は水《みず》より軽《かる》く、油《あぶら》より重《おも》いから、真《ま》ん中《なか》で浮《う》く。 Q469 ×…身近《みぢか》なものでは、炭酸水《たんさんすい》は、二酸化炭素《にさんかたんそ》がとけている水溶液《すいようえき》だ。

マメ知識《ちしき》 惑星《わくせい》の名前《なまえ》は、太陽《たいよう》に近《ちか》い方《ほう》から順《じゅん》に水金地火木土天海《すいきんちかもくどてんかい》と覚《おぼ》えよう。

65ページの答《こた》えは67ページ

リスト

【温度《おんど》】

① −150〜20℃　② −108℃

③ 14.85℃　④ −139℃

⑤ 465℃　⑥ −180〜430℃

⑦ −197℃　⑧ −201℃

【大《おお》きさ】

① 5万《まん》1118km　② 12万《まん》536km

③ 6794km　④ 1万《まん》2756km

⑤ 4880km　⑥ 1万《まん》2104km

⑦ 14万《まん》2984km　⑧ 4万《まん》9528km

Q487

木星《もくせい》の平均《へいきん》の表面温度《ひょうめんおんど》は？

Q488

木星《もくせい》の大《おお》きさは？

©NASA

Q489

土星《どせい》の平均《へいきん》の表面温度《ひょうめんおんど》は？

Q490

土星《どせい》の大《おお》きさは？

©NASA

Q491

天王星《てんのうせい》の平均《へいきん》の表面温度《ひょうめんおんど》は？

Q492

天王星《てんのうせい》の大《おお》きさは？

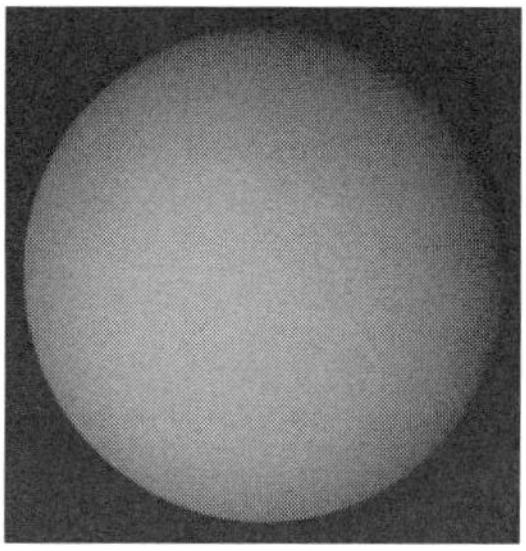

©NASA

Q493

海王星《かいおうせい》の平均《へいきん》の表面温度《ひょうめんおんど》は？

Q494

海王星《かいおうせい》の大《おお》きさは？

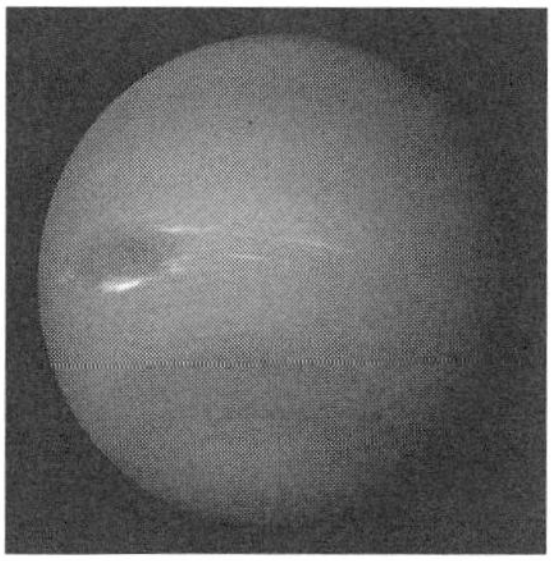

©NASA

63ページの答《こた》え

Q470 ②　Q471 ②　Q472 ④　Q473 ③　Q474 ② 色《いろ》を感《かん》じる細胞《さいぼう》は、約《やく》700万個《まんこ》。明《あか》るさを感《かん》じる細胞《さいぼう》は約《やく》1億《おく》2500万《まん》個《こ》ある。　Q475 ① メラニン色素《しきそ》が多《おお》いと黒《くろ》く、少《すく》ないと青《あお》や緑《みどり》になる。　Q476 ③ 2本《ほん》1組《くみ》になって、一方《いっぽう》が引《ひ》っ張《ぱ》るともう一方《いっぽう》が戻《もど》す役目《やくめ》をする。　Q477 Ⓐ…1　Q478 ○…イチゴの小《ちい》さなつぶ一《ひと》つ一《ひと》つが実《み》で、中《なか》に種子《しゅし》が入《はい》っているよ。

マメ知識《ちしき》 月《つき》の平均《へいきん》の表面温度《ひょうめんおんど》は夜《よる》−170℃以下《いか》、昼《ひる》100℃以上《いじょう》で、赤道半径《せきどうはんけい》は1738km。

64ページの答《こた》え

Q479 ⑥　Q480 ⑤ 水星《すいせい》は、太陽系《たいようけい》の惑星《わくせい》の中《なか》で、もっとも太陽《たいよう》に近《ちか》い天体《てんたい》だよ。地球《ちきゅう》からの見《み》た目《め》は月《つき》とよく似《に》ているんだ。

Q481 ⑤　Q482 ⑥ 美《うつく》しくかがやき、「明《あ》けの明星《みょうじょう》」「よいの明星《みょうじょう》」と呼《よ》ばれているよ。　Q483 ③　Q484 ④　Q485 ①

Q486 ③ 火星《かせい》は地球《ちきゅう》に似《に》ており、生命《せいめい》がいる可能性《かのうせい》もあると考《かんが》えられているんだ。

Q495

水《みず》をこおらせると、かさと重《おも》さはどうなる？

① かさは増《ふ》えるが、重《おも》さは変《か》わらない。

② かさも重《おも》さも増《ふ》える。

③ かさは減《へ》るが、重《おも》さは変《か》わらない。

④ かさも重《おも》さも減《へ》る。

Q496

氷水《こおりみず》の入《はい》ったコップを置《お》いておくと、コップの表面《ひょうめん》に水《すい》てきがつくことがある。これは何《なに》？

① コップの中《なか》の水《みず》がしみ出《だ》したもの

② 空気中《くうきちゅう》の水蒸気《すいじょうき》が冷《つめ》たいコップに冷《ひ》やされたもの

③ コップの中《なか》の水《みず》がとけてあふれ出《で》たもの

Q497

無《む》セキツイ動物《どうぶつ》とは、背骨《せぼね》のない生《い》き物《もの》。このうち、水中《すいちゅう》で最大《さいだい》のものがいるのは、何《なに》のなかま？

① イカのなかま

② タコのなかま

③ カイのなかま

Q498

では、陸上《りくじょう》にいる無《む》セキツイ動《どう》物《ぶつ》で最大《さいだい》のものは？

① サワガニ　② ヤシガニ

③ フジツボ

Q499

おなかにふくろを持《も》つフクロモモンガと、ちがうなかまの動物《どうぶつ》はどれ？

① コアラ

② カンガルー

③ ムササビ

Q500

ヤドカリは、体《からだ》が大《おお》きくなると別《べつ》の貝《かい》がらへ引《ひ》っこす。でも、先《さき》に別《べつ》のヤドカリがいたらどうする？

① どんな場合《ばあい》も、あきらめる。

② 自分《じぶん》より弱《よわ》そうなヤドカリなら追《お》い出《だ》すこともある。

③ なかよく２ひきで１つの貝《かい》に入《はい》る。

ヤドカリ

マメ知識《ちしき》　陸上《りくじょう》の場合《ばあい》、無《む》セキツイ動物《どうぶつ》は、体《からだ》を支《ささ》える背骨《せぼね》がないので、大《おお》きな体《からだ》をもちにくい。

Q501

富士山《ふじさん》は、近年《きんねん》では1707年《ねん》以《い》来《らい》、300年以上《ねんいじょう》、噴火《ふんか》していない。なので、富士山《ふじさん》は今後《こんご》もう噴火《ふんか》することはない。○か×か？

富士山《ふじさん》

Q502

長《なが》い年月《ねんげつ》の間《あいだ》に、土地《とち》が持《も》ち上《あ》がることを何《なん》という？

① 浸食《しんしょく》　② たい積《せき》　③ 隆起《りゅうき》

Q503

かつて、アジア大陸《たいりく》、アフリカ大陸《たいりく》、南北《なんぼく》アメリカ大陸《たいりく》などは、巨大《きょだい》な１つの大陸《たいりく》だったという説《せつ》がある。○か×か？

Q504

指《し》もんや静脈《じょうみゃく》などをパスワードの代《か》わりにして、自分《じぶん》であることを証明《しょうめい》する方式《ほうしき》を何《なん》という？

① 生体認証《せいたいにんしょう》　② 個人認証《こじんにんしょう》

③ 生物確認《せいぶつかくにん》

Q505

台風《たいふう》は、日本《にほん》ではどちら回《まわ》りに回《まわ》っている？

① 右回《みぎまわ》り　② 左回《ひだりまわ》り

③ とくに決《き》まりはない

Q506

台風《たいふう》の別名《べつめい》は？

① 温帯低気圧《おんたいていきあつ》

② 移動性高気圧《いどうせいこうきあつ》

③ 熱帯低気圧《ねったいていきあつ》

Q507

100gの水《みず》にものがとける限度《げんど》の量《りょう》を何《なん》という？

① 限界量《げんかいりょう》　② 溶解度《ようかいど》

③ 溶限度《ようげんど》

Q508

電気《でんき》をつくるために使《つか》われるエネルギー資源《しげん》で、世界《せかい》でいちばん多《おお》く使《つか》われているのは？

① 石油《せきゆ》　② 石炭《せきたん》

③ 天然《てんねん》ガス

Q509

アブラゼミの寿命《じゅみょう》は？

① 約《やく》1週間《しゅうかん》　② 約《やく》1年《ねん》

③ 約《やく》6年《ねん》

65ページの答《こた》え

Q487 ②　Q488 ⑦ 太陽系《たいようけい》の惑星《わくせい》で最大《さいだい》の天体《てんたい》が木星《もくせい》だ。　Q489 ④　Q490 ② 土星《どせい》は「太陽系《たいようけい》の宝石《ほうせき》」とも呼《よ》ばれ、美《うつく》しい輪《わ》をもつよ。　Q491 ⑦　Q492 ① 天王星《てんのうせい》は1781年《ねん》、イギリスの天文学者《てんもんがくしゃ》ウィリアム・ハーシェルが発見《はっけん》した。横《よこ》だおしに自転《じてん》する天体《てんたい》だよ。　Q493 ⑧　Q494 ⑧ 海王星《かいおうせい》は1846年《ねん》に発見《はっけん》。1989年《ねん》には、5本《ほん》の環《わ》があることが観測《かんそく》されたよ。

マメ知識《ちしき》　Q502とは逆《ぎゃく》に、海面《かいめん》に対《たい》して、土地《とち》が下《さ》がることを「沈降《ちんこう》」という。

68ページの答《こた》えは70ページ

Q510

世界最高気温《せかいさいこうきおん》は何《なん》℃？

① 42.0℃

② 54.5℃

③ 56.7℃

Q511

では、世界最低気温《せかいさいていきおん》は何《なん》℃かな？

① −65.5℃　② −89.2℃

③ −98.3℃　④ −101.1℃

Q512

メダカのおすとめすは、どことどこで見分《みわ》けれることができる?

① 背《せ》びれ　② 胸《むな》びれ

③ しりびれ　④ 口《くち》　⑤ 目《め》

Q513

面積《めんせき》の単位《たんい》「ha（ヘクタール）」とは、1㎡の何倍《なんばい》？

① 10倍《ばい》　② 100倍《ばい》

③ 1000倍《ばい》　④ 10000倍《ばい》

Q514

光《ひかり》のエネルギーを電気《でんき》エネルギーにかえる電池《でんち》は？

① 熱電池《ねつでんち》

② 燃料電池《ねんりょうでんち》

③ 光電池《こうでんち》

Q515

品物《しなもの》の種類《しゅるい》や値段《ねだん》などがすぐにわかるバーコード。光《ひかり》を当《あ》てるとき、センサーはどの部分《ぶぶん》を読《よ》み取《と》っているのかな？

① 黒《くろ》い部分《ぶぶん》　② 白《しろ》い部分《ぶぶん》

③ 数字《すうじ》

Q516

バーコードが世界《せかい》で初《はじ》めて使《つか》われたのはいつ？

① 1967年《ねん》　② 1990年《ねん》

③ 2010年《ねん》

Q517

日本《にほん》の川《かわ》は、世界《せかい》の川《かわ》と比《くら》べると、距離《きょり》が Ⓐ く、流《なが》れが Ⓑ いという特徴《とくちょう》がある。ⒶとⒷに入《はい》るのは、それぞれ何《なに》？

Q518

空気《くうき》の湿《しめ》り気《け》の割合《わりあい》を表《あらわ》したものを何《なん》という？

① 蒸気度《じょうきど》　② 湿度《しつど》　③ 温度《おんど》

Q519

数十年《すうじゅうねん》に一度《いちど》しか花《はな》を咲《さ》かせない植物《しょくぶつ》は、次《つぎ》のうちならどれ？

① タケ　② キャベツ

③ シャクダイオオコンニャク

66ページの答《こた》え

Q495 ①　Q496 ②　Q497 ① ダイオウイカには20mをこえるものもいるといわれているよ。　Q498 ② 甲長約《こうちょうやく》12cm、体《たい》長約《ちょうやく》40cm。　Q499 ③ ムササビなどの真獣類《しんじゅうるい》は、有袋類《ゆうたいるい》とは別々《べつべつ》に進化《しんか》し、似《に》た形《かたち》になった生《い》き物《もの》だよ。　Q500 ②

マメ知識《ちしき》　Q512のメダカは、目《め》が高《たか》い位置《いち》にあることから名《な》づけられた。

69ページの答《こた》えは71ページ

Q520

ばねばかりのばねの[Ⓐ]は、おもりの重《おも》さに[Ⓑ]する。ⒶとⒷに入《はい》るのは、それぞれ何《なに》？

Q521

地球上《ちきゅうじょう》で、季節《きせつ》によっては太陽《たいよう》が1日中《にちじゅう》しずまない場所《ばしょ》がある。○か×か？

Q522

太陽《たいよう》に黒点《こくてん》が多《おお》くなると、フレアとよばれる大爆発《だいばくはつ》が起《お》こり、その影響《えいきょう》で北極地方《ほっきょくちほう》や南極地方《なんきょくちほう》である現象《げんしょう》が現《あらわ》れる。それは何《なに》？

① 氷《こおり》がとける。
② 氷《こおり》が厚《あつ》くなる。
③ オーロラが多《おお》くなる。

Q523

1ぴきでおすでもあり、めすでもある生《い》き物《もの》がいる。○か×か？

Q525

魚《さかな》の中《なか》にも卵《たまご》でなく、赤《あか》ちゃんの姿《すがた》で生《う》まれるものがいる。○か×か？

Q526

陸地《りくち》と海水《かいすい》、どちらの方《ほう》が温《あたた》まりやすい？

① 陸地《りくち》　② 海水《かいすい》
③ 変《か》わらない

Q527

ゴキブリがなかまを集《あつ》めるときに出《だ》す化学物質《かがくぶっしつ》は？

① ホルモン　② ダイオキシン
③ フェロモン

Q528

水晶《すいしょう》は、どんな形《かたち》に結晶《けっしょう》する？

① 三角柱状《さんかくちゅうじょう》　② 六角柱状《ろっかくちゅうじょう》
③ 八角柱状《はっかくちゅうじょう》

Q524

シマウマの肌《はだ》の色《いろ》は、何色《なにいろ》かな？

① 白《しろ》っぽい
② 黒《くろ》っぽい
③ 白《しろ》と黒《くろ》のしまもよう

シマウマ

67ページの答《こた》え

Q501 ×…いつ噴火《ふんか》してもおかしくないといわれているよ。 Q502 ③ Q503 ○…2億年前《おくねんまえ》に分裂《ぶんれつ》が始《はじ》まる前《まえ》、1つの超大陸《ちょうたいりく》「パンゲア」だったという。 Q504 ① 手《て》の静脈《じょうみゃく》で本人確認《ほんにんかくにん》する方法《ほうほう》は、銀行《ぎんこう》のATMなどで実用化《じつようか》されている。 Q505 ② 南半球《みなみはんきゅう》では右回《みぎまわ》りになる。 Q506 ③ Q507 ② Q508 ② Q509 ③ 一生《いっしょう》のほとんどを幼虫《ようちゅう》として土《つち》の中《なか》ですごすんだ。

マメ知識《ちしき》 Q528の水晶《すいしょう》は無色透明《むしょくとうめい》なものが多《おお》いが、不純物《ふじゅんぶつ》がまざると、紫《むらさき》やピンク色《いろ》などになる。

70ページの答《こた》えは72ページ

70〜71ページは、黄道《こうどう》12星座《せいざ》の問題《もんだい》だよ。
次《つぎ》の星座《せいざ》の形《かたち》、星座《せいざ》のマークと言葉《ことば》をヒントに、
右《みぎ》のリストから選《えら》んで、何座《なにざ》なのか答《こた》えてね。

Q529

7月《がつ》23日《にち》〜8月《がつ》22日《にち》の誕生星座《たんじょうせいざ》。3〜5月《がつ》ごろ、見《み》られる。

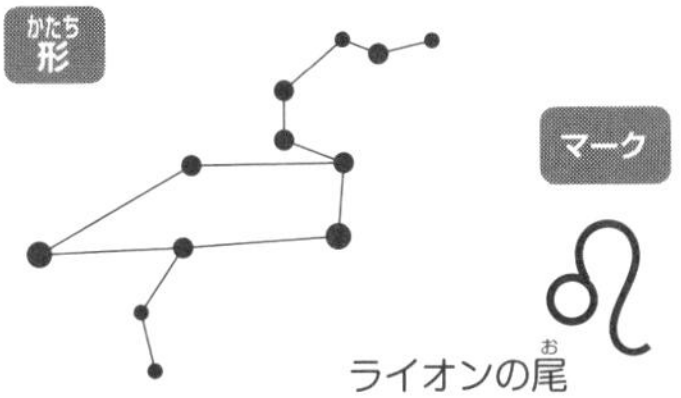

Q530

11月《がつ》23日《にち》〜12月《がつ》21日《にち》の誕生星《たんじょうせい》座《ざ》。7〜8月《がつ》ごろ、見《み》られる。

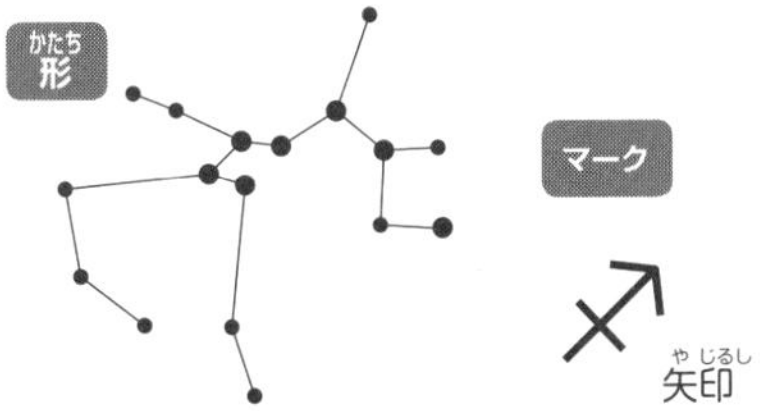

Q531

3月《がつ》21日《にち》〜4月《がつ》19日《にち》の誕生星座《たんじょうせいざ》。11〜1月《がつ》ごろ、見《み》られる。

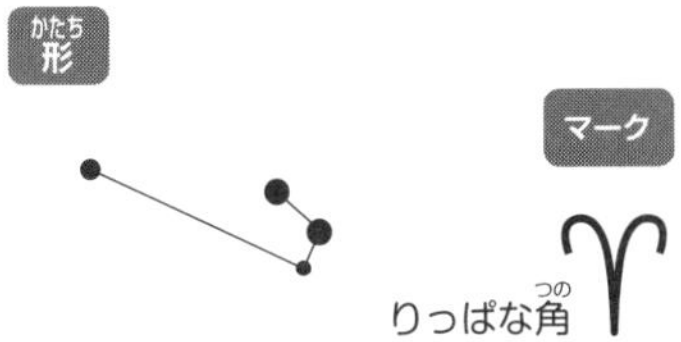

Q532

6月《がつ》22日《にち》〜7月《がつ》22日《にち》の誕生星座《たんじょうせいざ》。3〜4月《がつ》ごろ、見《み》られる。

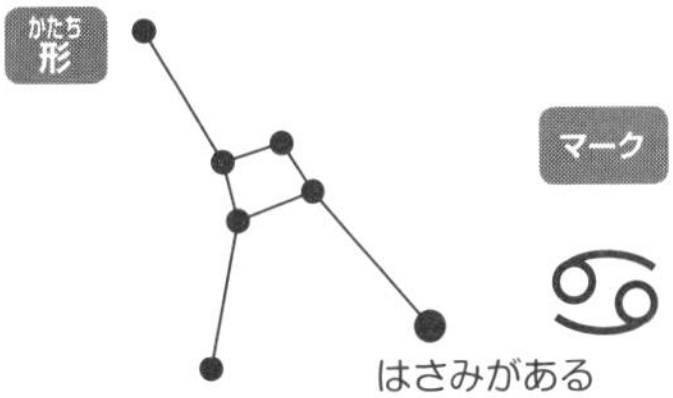

Q533

10月《がつ》24日《か》〜11月《がつ》22日《にち》の誕生星《たんじょうせい》座《ざ》。7〜8月《がつ》ごろ、見《み》られる。

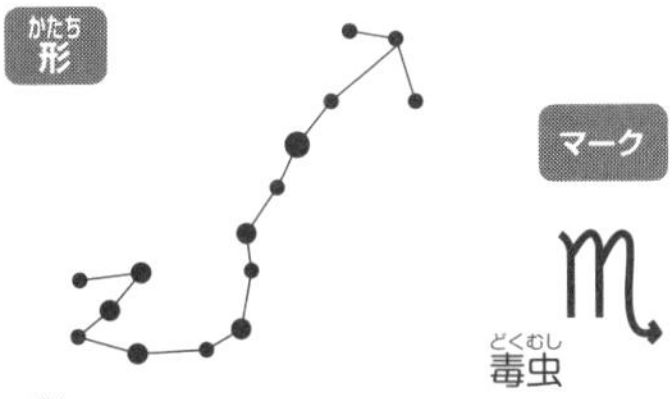

Q534

1月《がつ》20日《か》〜2月《がつ》18日《にち》の誕生星座《たんじょうせいざ》。9〜11月《がつ》ごろ、見《み》られる。

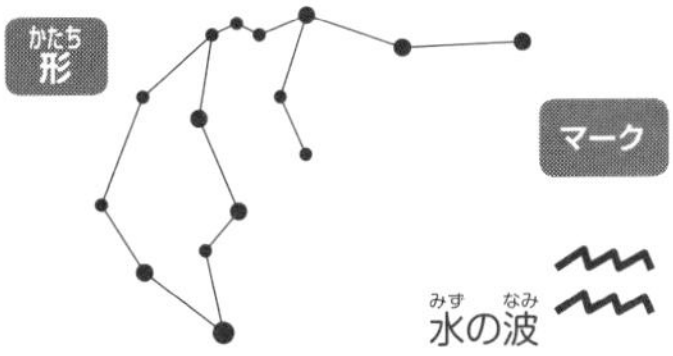

68ページの答《こた》え

Q510 ③ 1913年《ねん》、アメリカのデスヴァレーで記録《きろく》。 Q511 ② 1983年《ねん》、南極大陸《なんきょくたいりく》のボストーク基地《きち》で記録《きろく》。 Q512 ①と③ おすは背《せ》びれの下《した》に切《き》れこみがあり、しりびれがめすより広《ひろ》い。 Q513 ④ Q514 ③ Q515 ② 白《しろ》い部分《ぶぶん》で反射《はんしゃ》した光《ひかり》をセンサーで読《よ》み取《と》り、コンピュータに登録《とうろく》された情報《じょうほう》を呼《よ》び出《だ》す。 Q516 ① Q517 Ⓐ…短《みじか》 Ⓑ…速《はや》 Q518 ② Q519 ①

マメ知識《ちしき》 地球《ちきゅう》から見《み》た太陽《たいよう》の通《とお》り道《みち》「黄道《こうどう》」にそって12の星座《せいざ》があるので、黄道《こうどう》12星座《せいざ》という。

リスト

①おうし座《ざ》　②かに座《ざ》　③ふたご座《ざ》　④おひつじ座《ざ》　⑤おとめ座《ざ》
⑥うお座《ざ》　⑦しし座《ざ》　⑧てんびん座《ざ》　⑨いて座《ざ》　⑩やぎ座《ざ》
⑪さそり座《ざ》　⑫みずがめ座《ざ》

Q535

5月《がつ》21日《にち》～6月《がつ》21日《にち》の誕生星座《たんじょうせいざ》。1～3月ごろ、見《み》られる。

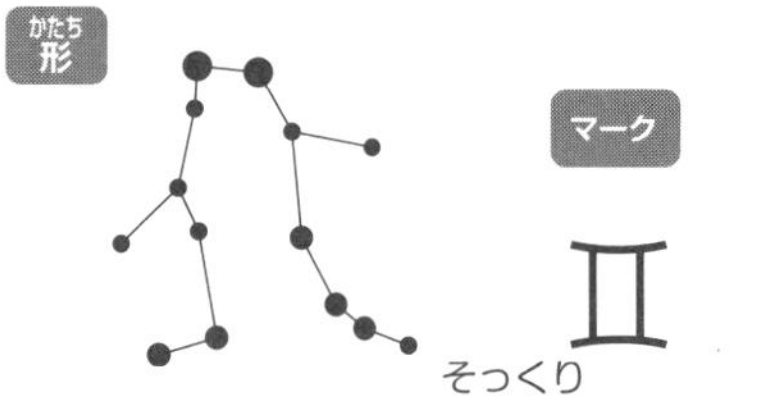

Q536

2月《がつ》19日《にち》～3月《がつ》20日《か》の誕生星座《たんじょうせいざ》。11～1月《がつ》ごろ、見《み》られる。

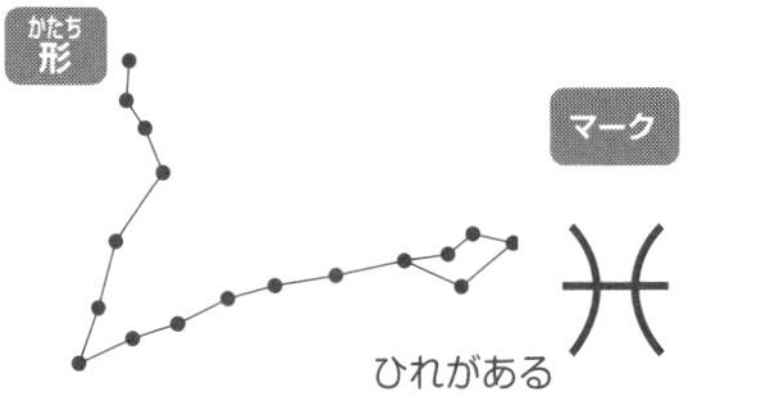

Q537

8月《がつ》23日《にち》～9月《がつ》22日《にち》の誕生星座《たんじょうせいざ》。4～6月《がつ》ごろ、見《み》られる。

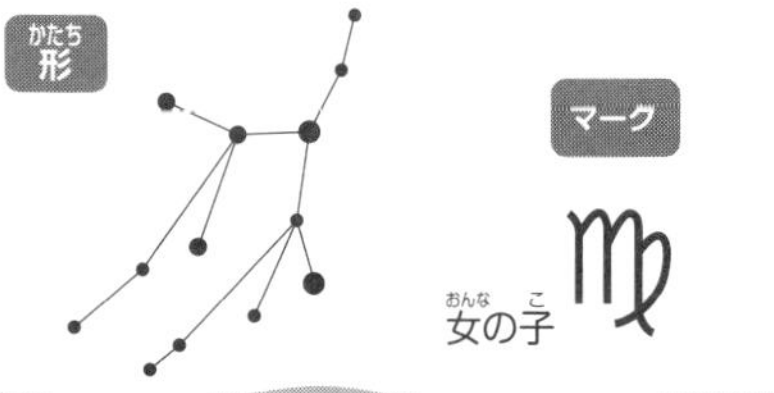

Q538

9月《がつ》23日《にち》～10月《がつ》23日《にち》の誕生星《たんじょうせい》座《ざ》。6～7月《がつ》ごろ、見《み》られる。

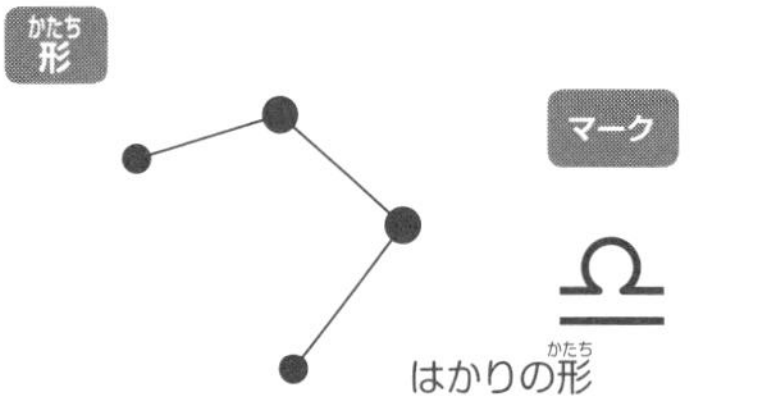

Q539

12月《がつ》22日《にち》～1月《がつ》19日《にち》の誕生星《たんじょうせい》座《ざ》。8～10月《がつ》ごろ、見《み》られる。

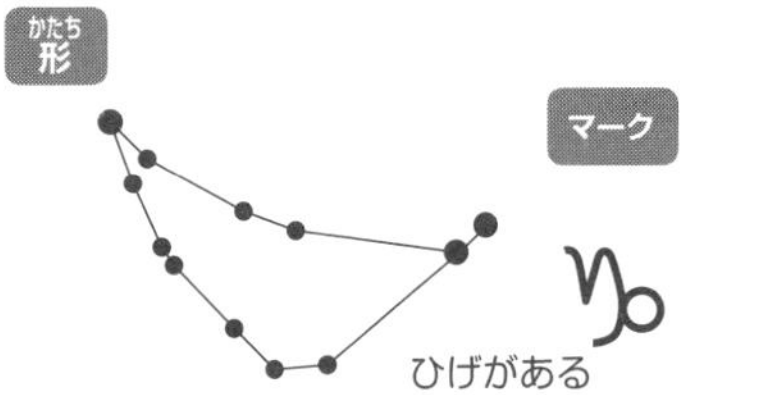

Q540

4月《がつ》20日《か》～5月《がつ》20日《か》の誕生星座《たんじょうせいざ》。12～2月《がつ》ごろ、見《み》られる。

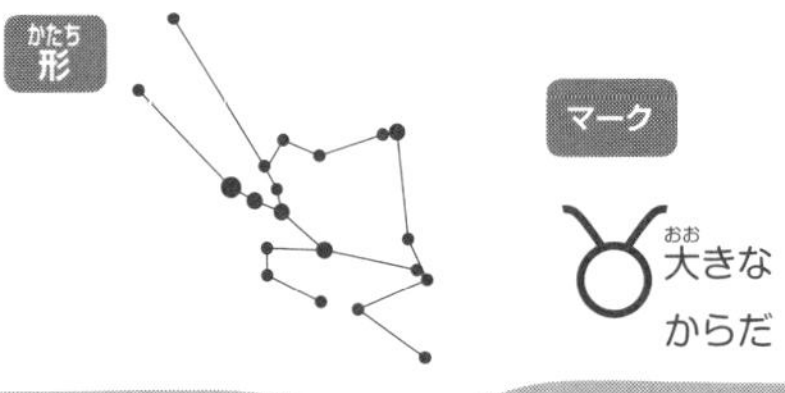

69ページの答《こた》え

Q520 Ⓐ…のび Ⓑ…比例《ひれい》 Q521 ○…北極《ほっきょく》や南極《なんきょく》付近《ふきん》では、1日中《にちじゅう》太陽《たいよう》が出《で》ている白夜《びゃくや》という期間《きかん》があるよ。 Q522 ③ Q523 ○…カタツムリなどは、おす、めす、両方《りょうほう》の機能《きのう》を1ぴきで持《も》っているよ。 Q524 ② 黒《くろ》っぽい色《いろ》の肌《はだ》に、白《しろ》と黒《くろ》の毛《け》がはえている。 Q525 ○…イタチザメは、30～40ぴきも子《こ》どもを生《う》むよ。 Q526 ① Q527 ③ Q528 ②

マメ知識《ちしき》 国際天文学連合《こくさいてんもんがくれんごう》が認《みと》めた星座《せいざ》の数《かず》は、88個《こ》だよ。

Q541

短距離《たんきょり》を走《はし》るのがもっとも速《はや》いのはチーター。では、長《なが》い距離《きょり》を走《はし》るのがもっとも速《はや》いのは、次《つぎ》のうち、どれ？

① プロングホーン
② ウマ　③ ダチョウ

チーター

Q542

次《つぎ》のうち、カニではなく、ヤドカリのなかまなのはどれ？

① ズワイガニ　② ケガニ
③ タラバガニ

Q543

世界最深積雪《せかいさいしんせきせつ》は日本《にほん》で記録《きろく》されたよ。それは何《なん》m ？

① 5m60cm　② 8m28cm
③ 11m82cm

Q544

では、その場所《ばしょ》は次《つぎ》のうちどれ？

① 北海道大雪山《ほっかいどうたいせつざん》
② 静岡県富士山《しずおかけんふじさん》
③ 滋賀県伊吹山《しがけんいぶきやま》

Q545

池《いけ》や湖《みずうみ》の水《みず》は、どこからこおる？

① 水面《すいめん》　② 水中《すいちゅう》　③ 水底《すいてい》

Q546

原子《げんし》の中心《ちゅうしん》には、陽子《ようし》と中性子《ちゅうせいし》が集《あつ》まった［Ⓐ］がある。その周《まわ》りは［Ⓑ］が回《まわ》っている。ⒶとⒷに入《はい》るのはそれぞれ何《なに》？

Q547

星《ほし》は見《み》る方角《ほうがく》によって動《うご》き方《かた》がちがう。南《みなみ》の空《そら》なら、どう動《うご》く？

① 東《ひがし》→南《みなみ》→西《にし》　② 東《ひがし》→北《きた》→西《にし》
③ 東《ひがし》→南《みなみ》→北《きた》

Q548

土星《どせい》は太陽《たいよう》の周《まわ》りを、約何年《やくなんねん》かけて1周《しゅう》する？

① 約《やく》1年《ねん》　② 約《やく》15年《ねん》
③ 約《やく》30年《ねん》

Q549

磁石《じしゃく》を強《つよ》くたたいたり、高《たか》い温度《おんど》で熱《ねっ》したりすると、磁力《じりょく》がなくなる。○か×か？

70ページの答《こた》え

Q529 ⑦ しし座《ざ》にはレグルスという恒星《こうせい》をはじめ、明《あか》るい恒星《こうせい》が多《おお》くある。 Q530 ⑨ いて座《ざ》には、ブラックホールがあると考《かんが》えられている。 Q531 ④ Q532 ② 全体的《ぜんたいてき》に暗《くら》い天体《てんたい》からなる星座《せいざ》。 Q533 ⑪ アンタレスという明《あか》るい恒星《こうせい》（一等星《いっとうせい》）があり、夏《なつ》の代表的《だいひょうてき》な星座《せいざ》でもある。 Q534 ⑫

マメ知識《ちしき》　Q541のチーターは、瞬間最高時速《しゅんかんさいこうじそく》112kmで走《はし》ることができる。

73ページの答《こた》えは75ページ

Q550

消毒用《しょうどくよう》アルコールをうでにぬって、息《いき》をふきかけると冷《つめ》たく感《かん》じるけど、なぜ？

① アルコールが冷《つめ》たいから

② アルコールが気化《きか》するとき熱《ねつ》をうばうから

③ アルコールで消毒《しょうどく》された細菌《さいきん》の作用《さよう》

Q551

重《おも》さ50g、体積《たいせき》55㎤の氷《こおり》が水《みず》に浮《う》いているとき、浮力《ふりょく》は［Ⓐ］g、水中部分《すいちゅうぶぶん》の氷《こおり》の体積《たいせき》は［Ⓑ］㎤。ⒶとⒷに入《はい》るのはそれぞれ何《なに》？

Q552

宇宙《うちゅう》は、高温《こうおん》の小《ちい》さな火《ひ》の玉《たま》の状態《じょうたい》から始《はじ》まり、それが爆発的《ばくはつてき》に広《ひろ》がった。この理論《りろん》を何《なん》という？

① ビッグクランチ理論《りろん》

② デフレーション理論《りろん》

③ ビッグバン理論《りろん》

Q553

「電気《でんき》」という言葉《ことば》の元《もと》になったのは、「エレクトロン」というギリシア語《ご》。これは何《なん》のことだろう？

① こはく　② 金《きん》

③ ダイヤモンド

Q554

太《ふと》いとっ手《て》(輪《わ》)を回《まわ》して、細《ほそ》い部分《ぶぶん》(じく)に大《おお》きな力《ちから》を働《はたら》かせるしくみを何《なん》という？

Q555

下《した》のカードを並《なら》べ変《か》えて、地震《じしん》のとき、本震《ほんしん》の前《まえ》にくる小《ちい》さなゆれの名前《なまえ》を完成《かんせい》させよう！

キ	シ	ヨ
ウ	ド	ビ

Q556

カラスやスズメのように、渡《わた》りをしないで1年中同《ねんじゅうおな》じような地域《ちいき》で見《み》られる鳥《とり》を何《なん》という？

① 不動鳥《ふどうちょう》　② 留鳥《りゅうちょう》

③ 停滞鳥《ていたいちょう》

Q557

雪《ゆき》は、上空《じょうくう》で何《なに》がこおったものだろう？

① 雨《あめ》　② 水蒸気《すいじょうき》

③ 二酸化炭素《にさんかたんそ》

71ページの答《こた》え

Q535 ③　Q536 ⑥　Q537 ⑤ 明《あか》るいスピカという一等星《いっとうせい》があり、見《み》つけやすい星座《せいざ》。おとめ座《ざ》付近《ふきん》には、多《おお》くの銀河《ぎんが》があるよ。　Q538 ⑧　Q539 ⑩ やぎ座《ざ》を構成《こうせい》する天体《てんたい》の近《ちか》くで、海王星《かいおうせい》が発見《はっけん》されたんだ。　Q540 ① 星座《せいざ》の東《ひがし》には、プレアデス星団《せいだん》(すばる)という有名《ゆうめい》な星団《せいだん》があるよ。

マメ知識《ちしき》　Q556のような鳥《とり》は、気候《きこう》の変化《へんか》があまりなく、1年《ねん》を通《つう》じて食物《しょくもつ》の豊富《ほうふ》な熱帯《ねったい》に多《おお》い。

74ページの答《こた》えは76ページ

Q558

潜水調査船《せんすいちょうさせん》が深海《しんかい》にいる間《あいだ》、地上《ちじょう》との連絡《れんらく》は何《なに》を使《つか》って行《おこな》う？

① 携帯電話《けいたいでんわ》　② モールス信号《しんごう》

③ 音波《おんぱ》

Q559

カメレオンを目《め》かくししたら、体《からだ》の色《いろ》を変《か》えることができなくなる。

○か×か？

Q560

ヒトとチンパンジーとで遺伝子情報《いでんしじょうほう》のちがいは、どのくらい？

① およそ41.2%

② およそ21.2%

③ およそ11.2%

④ およそ1.2%

Q561

魚《さかな》やトカゲなど、周囲《しゅうい》の温度《おんど》が変《へん》化《か》するにつれて体温《たいおん》も変化《へんか》する動《どう》物《ぶつ》は、何動物《なにどうぶつ》？

① 恒温動物《こうおんどうぶつ》　② 変温動物《へんおんどうぶつ》

③ 常温動物《じょうおんどうぶつ》

Q562

水道水《すいどうすい》は0℃ではこおらない。

○か×か？

Q563

1.5Lペットボトルに水《みず》を入《い》れ、逆《さか》さにして水《みず》を外《そと》に流《なが》す。そのとき、もっとも速《はや》く中《なか》の水《みず》が流《なが》れ出《で》るのはどんなやり方《かた》？

① 逆《さか》さにしたまま動《うご》かさない。

② 中《なか》の水《みず》にうずができるようにペットボトルを回《まわ》す。

③ ペットボトルを上《あ》げ下《さ》げする。

Q564

日本《にほん》で平均気温《へいきんきおん》がいちばん低《ひく》い季節《きせつ》は冬《ふゆ》。では、2番目《ばんめ》に低《ひく》い季《き》節《せつ》は？

① 春《はる》　② 夏《なつ》　③ 秋《あき》

Q565

ハチやアリのように、集団《しゅうだん》で生活《せいかつ》するこん虫《ちゅう》は、何《なん》とよばれる？

① 社会性《しゃかいせい》こん虫《ちゅう》

② 集団生活《しゅうだんせいかつ》こん虫《ちゅう》

③ 団体性《だんたいせい》こん虫《ちゅう》

Q566

10億分《おくぶん》の1mm以下《いか》のごく小《ちい》さな物質《ぶっしつ》をとりあつかう技術《ぎじゅつ》を何《なん》という？

① プチテクノロジー

② バイオテクノロジー

③ ナノテクノロジー

72ページの答《こた》え

Q541 ① 最高時速《さいこうじそく》96km、時速《じそく》70km以上《いじょう》で6km以上《いじょう》も走《はし》り続《つづ》けられる。 Q542 ③ カニのなかまはあしが10本《ぼん》、ヤドカリやタラバガニはあしが8本《ほん》だ。 Q543 ③ Q544 ③ 1927年《ねん》2月《がつ》14日《か》、滋賀県《しがけん》の伊吹山《いぶきやま》で記録《きろく》。 Q545 ① 冷《つめ》たい空気《くうき》に、水《みず》の表面《ひょうめん》がふれておこる。 Q546 Ⓐ…原子核《げんしかく》 Ⓑ…電子《でんし》 Q547 ① 太陽《たいよう》や月《つき》の動《うご》きと同《おな》じ。 Q548 ③ Q549 ○

マメ知識《ちしき》 Q560のヒトとの遺伝子《いでんし》のちがい、ゴリラはおよそ1.7%、オランウータンはおよそ3.4%。

75ページの答《こた》えは77ページ

Q567

ウマは、中指《なかゆび》1本《ぼん》で立《た》っている。○か×か？

ウマ

Q568

形《かたち》も大《おお》きさも同《おな》じ1kgと10gのおもりを同時《どうじ》に落《お》とすと、どうなる？

① 1kgのおもりが先《さき》に落《お》ちる。
② 10gのおもりが先《さき》に落《お》ちる。
③ ほぼ同時《どうじ》に落《お》ちる。

Q569

鳥《とり》インフルエンザは、人《ひと》にはうつらない。○か×か？

Q570

ホタル石《いし》という鉱石《こうせき》に、ある光線《こうせん》を当《あ》てると蛍光色《けいこうしょく》に発光《はっこう》する。その光線《こうせん》とは？

① 赤外線《せきがいせん》
② 紫外線《しがいせん》
③ X線《エックスせん》

Q571

空気《くうき》1㎤中《ちゅう》にふくむことができる水蒸気《すいじょうき》の量《りょう》を何《なん》という？

① 溶解度《ようかいど》 ② 限界水蒸気量《げんかいすいじょうきりょう》
③ 飽和水蒸気量《ほうわすいじょうきりょう》

Q572

上皿《うわざら》てんびんで、一定量《いっていりょう》の薬品《やくひん》を量《はか》るとき、左右《さゆう》の皿《さら》にのせる紙《かみ》を何《なん》という？

① リトマス紙《し》 ② 薬包紙《やくほうし》
③ セロハン紙《し》

Q573

次《つぎ》のうち、いちばん熱《ねつ》を伝《つた》えやすいのはどれ？

① 銅《どう》 ② 木《き》 ③ プラスチック

Q574

肺《はい》はたくさんの小《ちい》さなふくろからできている。この小《ちい》さなふくろを何《なん》という？

① 肺動脈《はいどうみゃく》 ② 肺《はい》ぶくろ
③ 肺《はい》ほう

Q575

日本《にほん》の最大瞬間風速《さいだいしゅんかんふうそく》は秒速何《びょうそくなん》m？

① 秒速《びょうそく》65.3m
② 秒速《びょうそく》85.3m
③ 秒速《びょうそく》91.0m

73ページの答《こた》え

Q550 ② Q551 Ⓐ…50 Ⓑ…50 Q552 ③ Q553 ① 布《ぬの》でこはくをこすると静電気《せいでんき》が起《お》きるため、こはく（エレクトロン）が英《えい》語《ご》の「エレクトリシティ」（＝電気《でんき》）の言葉《ことば》の元《もと》になった。 Q554 輪《りん》じく ドライバーやドアノブ（とっ手《て》）に使《つか》われているよ。 Q555 ショキビドウ（初期微動《しょきびどう》） Q556 ② Q557 ② 雪《ゆき》が地上《ちじょう》に落《お》ちる前《まえ》にとけると雨《あめ》になるよ。

マメ知識《ちしき》 Q572の紙《かみ》は、水《みず》や油《あぶら》をはじいて、薬品《やくひん》の粉《こな》もつきません。

76ページの答《こた》えは78ページ

76ページは、恐竜《きょうりゅう》に関係《かんけい》のある問題《もんだい》だよ。

Q576

恐竜《きょうりゅう》のなかでも有名《ゆうめい》な肉食恐竜《にくしょくきょうりゅう》、ティラノサウルスは、どの時代《じだい》の恐竜《きょうりゅう》？

① 三畳紀《さんじょうき》
② ジュラ紀《き》
③ 白亜紀《はくあき》

Q577

恐竜《きょうりゅう》は絶滅《ぜつめつ》してしまったけど、一《いち》部《ぶ》の恐竜《きょうりゅう》は、今《いま》いる生《い》き物《もの》に進化《しんか》したといわれるよ。それは何《なに》？

① ワニ　② カバ
③ トリ　④ カエル

Q578

トリケラトプスなど、頭《あたま》に大《おお》きな角《つの》をもつ恐竜《きょうりゅう》のなかまは？

① 角竜《つのりゅう》　② 鎧竜《よろいりゅう》　③ 剣竜《けんりゅう》

トリケラトプス
©Fotolia

Q579

肉食恐竜《にくしょくきょうりゅう》のなかでも最大級《さいだいきゅう》といわれるスピノサウルス。その全長《ぜんちょう》は最大《さいだい》でどれぐらい？

① 12m　② 17m
③ 25m　④ 30m

Q580

子育《こそだ》てをしたと考《かんが》えられている恐《きょう》竜《りゅう》がいる。○か×か？

Q581

フタバスズキリュウなど、ひれ状《じょう》のあしや長《なが》い首《くび》をもつ首長竜《くびながりゅう》は恐《きょう》竜《りゅう》のなかまだ。○か×か？

Q582

恐竜《きょうりゅう》に関《かん》する化石《かせき》は、骨以外《ほねいがい》にもいろいろ見《み》つかっているよ。次《つぎ》のうち見《み》つかっていないのはどれ？

① ふん　② 足《あし》あと
③ 目玉《めだま》　④ 卵《たまご》

Q583

ヒトや動物《どうぶつ》は、大人《おとな》になるとそれ以上《いじょう》、大《おお》きくならないよね。では、恐竜《きょうりゅう》は大人《おとな》になるとどうなる？

① 成長《せいちょう》がとまる
② 成長《せいちょう》し続《つづ》ける
③ 小《ちい》さくなっていく

74ページの答《こた》え

Q558 ③ 水中《すいちゅう》では、電波《でんぱ》はエネルギーが減《へ》ってしまうので、音波《おんぱ》を使《つか》う。 Q559 ×…カメレオンは、目《め》や皮《ひ》ふで周《まわ》りの色《いろ》を感《かん》じて、体《からだ》の色《いろ》を変《か》えることができる。興奮《こうふん》や周《まわ》りの熱《ねつ》などによっても体《からだ》の色《いろ》を変《か》える。 Q560 ④ Q561 ② Q562 ○…水道《すいどう》水《すい》には消毒剤《しょうどくざい》などがふくまれているので、0℃ちょうどではこおらない。 Q563 ② Q564 ① Q565 ① Q566 ③

マメ知識《ちしき》　Q581のフタバスズキリュウは、日本国内《にほんこくない》で初《はじ》めて化石《かせき》が見《み》つかった首長竜《くびながりゅう》だ。

Q584

地球上《ちきゅうじょう》には、−273℃の超低温《ちょうていおん》でも、151℃の高温《こうおん》でも、真空《しんくう》状態《じょうたい》でも死《し》なない生物《せいぶつ》がいる。○か×か？

Q585

地球内部《ちきゅうないぶ》の高温高圧《こうおんこうあつ》で、地下《ちか》の岩《がん》石《せき》がどろどろにとけたものは？

① マグマ　② よう岩《がん》
③ 火成岩《かせいがん》

Q586

ものは動《うご》いているとき、同《おな》じ方向《ほうこう》に同《おな》じ速《はや》さで動《うご》き続《つづ》けようとする性質《せいしつ》がある。これを何《なん》という？

① 質量保存《しつりょうほぞん》の法則《ほうそく》
② 慣性《かんせい》の法則《ほうそく》　③ 落体《らくたい》の法則《ほうそく》

Q587

小腸《しょうちょう》の表面積《ひょうめんせき》を大《おお》きくする役割《やくわり》ももつ、小腸《しょうちょう》の内側《うちがわ》のひだは何《なに》？

① せん毛《もう》　② べん毛《もう》
③ じゅう毛《もう》

Q588

宇宙《うちゅう》の誕生《たんじょう》から、現在《げんざい》までおよそ何億年《なんおくねん》といわれている？

① 46億年《おくねん》　② 89億年《おくねん》
③ 106億年《おくねん》　④ 138億年《おくねん》

Q589

次《つぎ》のうち、電気《でんき》を通《とお》さないのはどれとどれ？

① ガラスのコップ

② アルミニウムはく

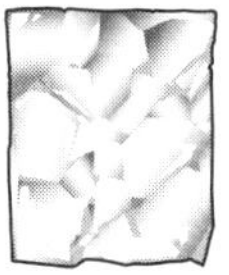

③ 10円玉《えんだま》

④ わりばし

⑤ 金色《きんいろ》のおり紙《がみ》

Q590

太陽《たいよう》は遠《とお》く離《はな》れているけど、熱《ねつ》は伝《つた》わるよね。このような離《はな》れたものを直接温《ちょくせつあたた》めるときの熱《ねつ》の伝《つた》わり方《かた》は何《なに》？

① 伝導《でんどう》　② 対流《たいりゅう》　③ 放射《ほうしゃ》

Q591

オコジョという動物《どうぶつ》の毛《け》は、夏《なつ》は白《しろ》から茶《ちゃ》、冬《ふゆ》は茶《ちゃ》から白《しろ》に変《か》わる。
でも、変《か》わらない部分《ぶぶん》があるよ。
それはどこ？

① 頭《あたま》　② 背中《せなか》
③ 耳《みみ》　④ 尾《お》の先《さき》

75ページの答《こた》え

Q567 ○…ウマは速《はや》く走《はし》るため、中指《なかゆび》1本《ぽん》を残《のこ》してほかの指《ゆび》は退化《たいか》したんだ。　Q568 ③ 落《お》ちる速《はや》さと重《おも》さは関係《かんけい》ないんだ。
Q569 ×…インフルエンザウイルスは性質《せいしつ》が変《か》わりやすく、人間《にんげん》に感染《かんせん》することもあるよ。　Q570 ②　Q571 ③　Q572 ②
Q573 ① プラスチックや木《き》は熱《ねつ》を伝《つた》えにくい。　Q574 ③　Q575 ③ 1966年《ねん》9月《がつ》25日《にち》静岡県《しずおかけん》の富士山《ふじさん》で記録《きろく》。

マメ知識《ちしき》　Q591のオコジョは、イタチのなかまで、日本《にほん》にはホンドオコジョとエゾオコジョがいる。

78〜79ページは、元素記号《げんそきごう》（原子記号《げんしきごう》）クイズだ。現在《げんざい》、水《すい》素《そ》や酸素《さんそ》など、100種類以上《しゅるいいじょう》の原子《げんし》が見《み》つかっている。これらには、原子記号《げんしきごう》というアルファベット1〜2文字《もじ》の記号《きごう》がついているんだ。次《つぎ》の元素記号《げんそきごう》は、何《なん》の原子《げんし》を表《あらわ》したものかわかるかな？　リストの中《なか》から選《えら》んでね。

Q592

宇宙《うちゅう》でもっとも多《おお》い元素《げんそ》で、燃料電池《ねんりょうでんち》などに利用《りよう》される。

H

Q593

動物《どうぶつ》は、これがないと、呼吸《こきゅう》ができない。

O

Q594

鉛筆《えんぴつ》のしんのおもな原料《げんりょう》となる黒鉛《こくえん》も、これでできている。

C

Q595

スチール缶《かん》などに使《つか》われる、身近《みぢか》な金属《きんぞく》だよ。

Fe

Q596

化学肥料《かがくひりょう》の原料《げんりょう》や、マッチの原料《げんりょう》に利用《りよう》されている。

P

Q597

1円玉《えんだま》でイメージされる金属《きんぞく》といえば？

Al

Q598

電線《でんせん》や10円玉《えんだま》でイメージされる金属《きんぞく》。電気《でんき》をよく通《とお》す。

Cu

Q599

空気《くうき》より軽《かる》いガスで、風船《ふうせん》などに入《はい》っているよ。

He

Q600

温泉《おんせん》のにおいでイメージされる。

S

Q601

胃《い》のレントゲン写《しゃ》真《しん》をとるとき、この化合物《かごうぶつ》を飲《の》む。

Ba

76ページの答《こた》え

Q576 ③ 白亜紀後期《はくあきこうき》の恐竜《きょうりゅう》だ。 Q577 ③ 一部《いちぶ》の肉食恐竜《にくしょくきょうりゅう》は、体《からだ》に羽毛《うもう》があり、鳥《とり》に進化《しんか》したと考《かんが》えられている。 Q578 ① Q579 ② Q580 ○…マイアサウラという恐竜《きょうりゅう》は、親《おや》がえさをあたえて子《こ》を育《そだ》てたと考《かんが》えられる。 Q581 ×…首長竜《くびながりゅう》は、は虫《ちゅう》類《るい》のなかま。 Q582 ③ 目玉《めだま》や内臓《ないぞう》など、くさりやすい部分《ぶぶん》は化石《かせき》として残《のこ》りにくい。 Q583 ② 長生《ながい》きするほど大《おお》きくなる。

マメ知識《ちしき》 原子《げんし》には質量《しつりょう》の小《ちい》さいものから順《じゅん》に番号《ばんごう》がつけられている。これを原子番号《げんしばんごう》という。

79ページの答《こた》えは81ページ

リスト

①鉄《てつ》　②ヘリウム　③酸素《さんそ》　④金《きん》　⑤リン　⑥水素《すいそ》
⑦炭素《たんそ》　⑧水銀《すいぎん》　⑨いおう　⑩マグネシウム
⑪フッ素《そ》　⑫マンガン　⑬アルミニウム　⑭クロム
⑮銅《どう》　⑯ヨウ素《そ》　⑰カルシウム　⑱ケイ素《そ》
⑲リチウム　⑳バリウム

Q602

砂《すな》やガラス、セメントのおもな成分《せいぶん》。

Si

Q603

うがい薬《ぐすり》や消毒薬《しょうどくやく》に使《つか》われる。でんぷんの実験《じっけん》でもおなじみ。

I

Q604

常温《じょうおん》で液体《えきたい》となる金属《きんぞく》で、温度計《おんどけい》や体温計《たいおんけい》などに利用《りよう》されていた。

Hg

Q605

金貨《きんか》、金《きん》ぱく、黄金《おうごん》…といえば？

Au

Q606

乾電池《かんでんち》に利用《りよう》されている。

Mn

Q607

トタンのメッキに使《つか》われ、ルビーの色《いろ》の成分《せいぶん》にもなっている。

Cr

Q608

骨《ほね》のおもな成分《せいぶん》。不足《ふそく》すると、骨《ほね》がもろくなる。

Ca

Q609

豆腐《とうふ》を固《かた》めるにがりの成分《せいぶん》。

Mg

Q610

虫歯予防歯《むしばよぼうは》みがきにふくまれているものがある。

F

Q611

リチウム電池《でんち》に利用《りよう》されている。

Li

77ページの答《こた》え

Q584 ○…クマムシという小《ちい》さな生物《せいぶつ》。ただし、寿命《じゅみょう》は1か月《げつ》から1年《ねん》といわれる。　Q585 ①　②はマグマが火口《かこう》から地上《ちじょう》に流《なが》れ出《で》たもの、③はマグマが固《かた》まってできたもの。　Q586 ②　地球上《ちきゅうじょう》ではまさつがあるので、動《うご》き続《つづ》けることはできない。　Q587 ③　じゅうとっ起《き》ともいう。　Q588 ④　Q589 ①と④　Q590 ③　Q591 ④　尾《お》の先《さき》は、一年中黒《いちねんじゅうくろ》い。

マメ知識《ちしき》　原子番号順《げんしばんごうじゅん》に性質《せいしつ》の似《に》た原子《げんし》が縦《たて》にならぶようにまとめたものを、周期表《しゅうきひょう》という。

78ページの答《こた》え

Q592 ⑥ Q593 ③ Q594 ⑦ プラスチックなどの有機物《ゆうきぶつ》は、炭素《たんそ》の化合物《かごうぶつ》だよ。 Q595 ① 鉄《てつ》は体内《たいない》にもあって、不足《ふそく》すると貧血《ひんけつ》になることもあるんだ。 Q596 ⑤ Q597 ⑬ ボーキサイトという鉱物《こうぶつ》にふくまれているんだ。 Q598 ⑮ Q599 ② 地球《ちきゅう》の大気《たいき》の0.0005%をしめる。深海《しんかい》へもぐるときの呼吸《こきゅう》ガスにも利用《りよう》されるよ。 Q600 ⑨ Q601 ⑳

Q612

バッタは草《くさ》むらにまぎれると、見《み》つけにくいよね。このように、周《まわ》りの色《いろ》やもようにとけこみ、ほかの生《い》き物《もの》に見《み》つかりにくくして身《み》を守《まも》ることを何《なん》という？

① 同化《どうか》 ② 変態《へんたい》 ③ 保護色《ほごしょく》

Q613

カブトムシの体《からだ》の中《なか》には、人間《にんげん》のような骨《ほね》はない。

○か×か？

Q614

バクテリアなどは、自分《じぶん》の体《からだ》の一《いち》部《ぶ》を切《き》り離《はな》して子孫《しそん》をふやす。この方法《ほうほう》を何《なん》という？

① 有性生殖《ゆうせいせいしょく》 ② 無性生殖《むせいせいしょく》

③ 中性生殖《ちゅうせいせいしょく》

Q615

水《みず》などは、固体《こたい》↔液体《えきたい》↔気体《きたい》と変化《へんか》するよね。でも、液体《えきたい》にならずに、固体《こたい》からそのまま気体《きたい》に変化《へんか》するものがある。

○か×か？

Q616

サイダーやコーラから出《で》てくるあわの正体《しょうたい》は？

① 酸素《さんそ》 ② 水素《すいそ》

③ 二酸化炭素《にさんかたんそ》

Q617

人間《にんげん》の成人男性《せいじんだんせい》の脳《のう》の重《おも》さは、平《へい》均《きん》で約《やく》1350g。では、成人女性《せいじんじょせい》はどれくらい？

① 約《やく》1150g ② 約《やく》1250g

③ 約《やく》1350g ④ 約《やく》1450g

Q618

ヒトの耳《みみ》の中《なか》に、本当《ほんとう》にあるものは？

① ゴム ② 石《いし》

③ アルミニウム

Q619

これは、水《みず》にとけやすく、空気《くうき》より軽《かる》い気体《きたい》を集《あつ》める方法《ほうほう》だよ。何《なん》という方法《ほうほう》かな？

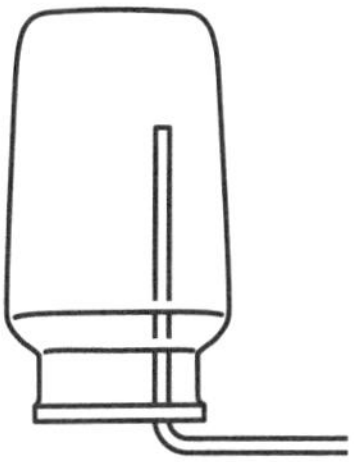

Q620

体積《たいせき》が同《おな》じとき、重《おも》さがもっとも重《おも》くなる水《みず》の温度《おんど》は？

① 2℃ ② 4℃ ③ 6℃

マメ知識《ちしき》 Q617の人間《にんげん》の脳《のう》の重《おも》さや脳《のう》のしわの数《かず》は、知性《ちせい》とは関係《かんけい》ない。

Q621

イヌが電柱《でんちゅう》など、あちこちにおしっこをするのはなぜ？

① おしっこが近《ちか》いから
② 自分《じぶん》のにおいをつけるため
③ 道順《みちじゅん》を覚《おぼ》えるため

Q622

イヌは、食《た》べ物《もの》が食《た》べられそうかを、どうやって判断《はんだん》する？

① においをかぐ
② 目《め》で見《み》る　③ 舌《した》で味《あじ》わう

Q623

イヌの鼻《はな》はとてもいい。塩酸《えんさん》や乳酸《にゅうさん》だと、どれくらいうすめたものまでかぎわけられる？

① 1万分《まんぶん》の1　② 10万分《まんぶん》の1
③ 100万分《まんぶん》の1

Q624

イヌの先祖《せんぞ》と考《かんが》えられている動《どう》物《ぶつ》は？

① ジャッカル　② オオカミ
③ コヨーテ

Q625

イヌが走《はし》るとすぐに舌《した》を出《だ》してハァハァしているのは、息苦《いきぐる》しくなるから。○か×か？

Q626

イヌは警察犬《けいさつけん》など、人間《にんげん》の役《やく》に立《た》つ活躍《かつやく》をしている。では、次《つぎ》のうち、本当《ほんとう》にないのは？

① キノコ探知犬《たんちけん》　② 盲導犬《もうどうけん》
③ 災害救助犬《さいがいきゅうじょけん》　④ 時報犬《じほうけん》

Q627

イヌに、ベルが鳴《な》ったらえさをもらえるように覚《おぼ》えさせておくと、ベルが鳴《な》っただけでよだれが出《で》るようになる。このような反応《はんのう》を何《なん》という？

① ベル反射《はんしゃ》　② 条件反射《じょうけんはんしゃ》
③ 記憶反射《きおくはんしゃ》

Q628

体重《たいじゅう》5kg以下《いか》の超小型犬《ちょうこがたけん》は、体重《たいじゅう》10kg以上《いじょう》の大型犬《おおがたけん》より寿命《じゅみょう》が長《なが》い。○か×か？

79ページの答《こた》え

Q602 ⑱ 太陽電池《たいようでんち》のパネルにも利用《りよう》されているよ。 Q603 ⑯ Q604 ⑧ 常温《じょうおん》、常圧《じょうあつ》で液体《えきたい》という、唯一《ゆいいつ》の金属元素《きんぞくげんそ》だ。 Q605 ④ もっともうすくのばせる金属《きんぞく》でもあり、1gの金《きん》を数《すう》m²までのばすことができるんだ。 Q606 ⑫ Q607 ⑭ Q608 ⑰ Q609 ⑩ ヒトの生命維持《せいめいいじ》にも必要《ひつよう》な元素《げんそ》。イギリスの科学者《かがくしゃ》デービーが発見《はっけん》したよ。 Q610 ⑪ Q611 ⑲

マメ知識《ちしき》 イヌは20時間以上前《じかんいじょうまえ》に残《のこ》された汗《あせ》のにおいも感《かん》じることができるという。

82ページの答《こた》えは84ページ

80ページの答《こた》え

Q612 ③ Q613 ○…体《からだ》の内側《うちがわ》に神経《しんけい》や筋肉《きんにく》があるけど、骨《ほね》はないよ。 Q614 ② 短期間《たんきかん》にたくさんの子孫《しそん》を残《のこ》せるが、環境《かんきょう》の変化《へんか》などに弱《よわ》い。 Q615 ○…二酸化炭素《にさんかたんそ》などは固体《こたい》から気体《きたい》になる。 Q616 ③ 水《みず》を冷《ひ》やして機械《きかい》で圧力《あつりょく》を加《くわ》えると、二酸化《にさんか》炭素《たんそ》は水《みず》にとけやすくなるよ。 Q617 ② Q618 ② 耳石《じせき》。体《からだ》のかたむきなどを感《かん》じる。 Q619 上方置《じょうほうち》かん Q620 ②

Q629

いろいろな情報《じょうほう》を一時的《いちじてき》に記憶《きおく》するのは、脳《のう》の何《なん》という場所《ばしょ》？

① 脳幹《のうかん》 ② 海馬《かいば》

③ ブローカ野《や》

Q630

中国《ちゅうごく》から日本《にほん》の方《ほう》にふいてくる、西《にし》よりの風《かぜ》を何《なん》という？

① 貿易風《ぼうえきふう》

② 偏西風《へんせいふう》

③ 偏東風《へんとうふう》

Q631

次《つぎ》の３つのヒントは、一般《いっぱん》にどんな種類《しゅるい》の生《い》き物《もの》についての説明《せつめい》だろう？

ヒント①…背骨《せぼね》がある。

ヒント②…卵《たまご》で生《う》まれる。

ヒント③…体温《たいおん》を一定《いってい》に保《たも》つ。

Q632

強《つよ》い酸性《さんせい》の雨《あめ》が降《ふ》る酸性雨《さんせいう》。その原因《げんいん》となる物質《ぶっしつ》ではないものは、次《つぎ》のうちどれだろう？

① 硫黄酸化物《いおうさんかぶつ》

② 窒素酸化物《ちっそさんかぶつ》

③ 二酸化炭素《にさんかたんそ》

Q633

子《こ》どものときは水中《すいちゅう》だけ、大人《おとな》になると水中《すいちゅう》と陸上《りくじょう》の両方《りょうほう》で生活《せいかつ》する生《い》き物《もの》は？

① ウナギ ② ヘビ ③ カエル

Q634

秋《あき》から冬《ふゆ》に、カエデの葉《は》が赤《あか》く色《いろ》づく理由《りゆう》でまちがっているのは？

① 葉《は》のつけ根《ね》に仕切《しき》り壁《かべ》ができるから

② 葉《は》の糖分《とうぶん》から赤《あか》い色《いろ》がつくられるから

③ 葉緑素《ようりょくそ》がふえるから

カエデの葉《は》

Q635

夕焼《ゆうや》けが見《み》られるとき、翌日《よくじつ》は晴《は》れになることが多《おお》い。○か×か？

Q636

ツバメのように、春《はる》に南《みなみ》からやってきて、秋《あき》には南《みなみ》にわたっていく鳥《とり》を何《なん》という？

① 春鳥《はるどり》 ② 夏鳥《なつどり》 ③ 秋鳥《あきどり》

マメ知識《ちしき》 Q633のように子《こ》どものうちはえらで、大人《おとな》になると肺《はい》で呼吸《こきゅう》する生《い》き物《もの》を両生類《りょうせいるい》という。

83ページの答《こた》えは85ページ

Q637

次《つぎ》のうちで、1日《にち》のすいみん時間《じかん》がもっとも短《みじか》い生《い》き物《もの》は、どれ？

① ウマ　② ゴリラ　③ ブタ

Q638

では、次《つぎ》のうちで、1日《にち》のすいみん時間《じかん》がもっとも長《なが》い生《い》き物《もの》は、どれ？

① ライオン

② コアラ

③ ジャイアントパンダ

Q639

すべての植物《しょくぶつ》の種子《しゅし》は、何年《なんねん》たっても発芽《はつが》できる。○か×か？

Q640

エアコンで部屋《へや》全体《ぜんたい》を早《はや》くあたためたいとき、あたたかい空気《くうき》の吹《ふ》き出《だ》し口《ぐち》をどの方向《ほうこう》に向《む》ける？

① 部屋《へや》の上《うえ》の方《ほう》へ向《む》ける。

② 部屋《へや》の下《した》の方《ほう》へ向《む》ける。

③ 水平《すいへい》の方向《ほうこう》に向《む》ける。

Q641

リンゴやモモなどには、人《ひと》の手《て》によって花粉《かふん》をめしべにつけているものがある。これを何《なん》という？

① 自家受粉《じかじゅふん》　② 他家受粉《たかじゅふん》

③ 人工授粉《じんこうじゅふん》

Q642

次《つぎ》の3つのヒントは、どんなものについて説明《せつめい》したものかな？

ヒント①…食塩《しょくえん》や砂糖《さとう》などがとけている水《みず》のこと。

ヒント②…色《いろ》のついたものもあるが、すべて透明《とうめい》。

ヒント③…重《おも》さは、水《みず》の重《おも》さ＋水《みず》にとかしたものの重《おも》さ。

Q643

震度《しんど》は0～7までの数字《すうじ》で表《あらわ》される。ほとんどの人《ひと》がゆれを感《かん》じ、棚《たな》にある食器《しょっき》や本《ほん》が落《お》ちる被害《ひがい》が出《で》るのは、震度《しんど》いくつ？

① 1　② 3　③ 5　④ 7

Q644

0.2gの羽毛《うもう》と、10gのおもりを、真空中《しんくうちゅう》で同時《どうじ》に落《お》とすとどうなる？

① 羽毛《うもう》が先《さき》に落《お》ちる。

② おもりが先《さき》に落《お》ちる。

③ 同時《どうじ》に落《お》ちる。

81ページの答《こた》え

Q621 ② においでなわばりを知《し》らせるよ。 Q622 ① ほとんど味《あじ》はわからない。 Q623 ③ Q624 ② かつてはジャッカル説《せつ》も有力《ゆうりょく》だったが、DNA鑑定《かんてい》の結果《けっか》、最近《さいきん》ではオオカミ説《せつ》が有力《ゆうりょく》だ。 Q625 ×…ほとんど汗《あせ》をかかないので、熱《ねつ》を口《くち》から出《だ》して体温《たいおん》の上昇《じょうしょう》を防《ふせ》ぐんだ。 Q626 ④ ①の地中《ちちゅう》のキノコを探《さが》すイヌは、イタリアやフランスにいる。 Q627 ② Q628 ○

マメ知識《ちしき》　イルカやマグロなどは、泳《およ》ぎながらねむるといわれているよ。

82ページの答《こた》え

Q629 ② 経験《けいけん》したことなどから、必要《ひつよう》なことを記憶《きおく》する部分《ぶぶん》。タツノオトシゴ（海馬《かいば》ともいう）に形《かたち》がにているので、海馬《かいば》という名《な》がついた。 Q630 ② Q631 鳥《とり》（鳥類《ちょうるい》） Q632 ③ ①は工場等《こうじょうとう》で硫黄《いおう》をふくむ化石燃料《かせきねんりょう》を燃《も》やして発生《はっせい》、②は自動車《じどうしゃ》の排出《はいしゅつ》ガスなどにふくまれる。 Q633 ③ Q634 ③ 葉《は》に糖分《とうぶん》がたまり赤《あか》い色素《しきそ》が作《つく》られる。 Q635 ○ Q636 ②

Q645

海《うみ》の中《なか》のコンブやワカメなどの植物《しょくぶつ》も、光合成《こうごうせい》する。○か×か？

Q646

ふりこの1往復《おうふく》する時間《じかん》は、どうすると長《なが》くなる？

① おもりを重《おも》くする。
② おもりを軽《かる》くする。
③ ふりこの長《なが》さを短《みじか》くする。
④ ふりこの長《なが》さを長《なが》くする。

Q647

人間《にんげん》の脳《のう》のうち、約《やく》80%をしめる部分《ぶぶん》は？

① 大脳《だいのう》　② 中脳《ちゅうのう》　③ 小脳《しょうのう》

Q648

空全体《そらぜんたい》の広《ひろ》さを10とし、雲《くも》のおおっている部分《ぶぶん》が0～10の11段《だん》階《かい》で、天気《てんき》が決まる。雲《くも》の量《りょう》が8のときの天気《てんき》は何《なに》？

① 快晴《かいせい》　② 晴《は》れ　③ くもり

Q649

うすい塩酸《えんさん》に、アルミニウム片《へん》を入《い》れるとどうなる？

① 変化《へんか》はない。
② あわを出《だ》してとける。
③ アルミニウムの色《いろ》が変《か》わる。

Q650

アスファルトが吸収《きゅうしゅう》・排出《はいしゅつ》する熱《ねつ》などが原因《げんいん》で、都市部《としぶ》の気温《きおん》が周《しゅう》辺部《へんぶ》よりも高《たか》くなる現象《げんしょう》は何《なに》？

① 地球温暖化《ちきゅうおんだんか》
② ヒートアイランド現象《げんしょう》
③ フェーン現象《げんしょう》

Q651

深《ふか》い海《うみ》の中《なか》で、生物《せいぶつ》の死《し》がいなどが、細《こま》かなかたまりになって雪《ゆき》が降《ふ》るように落《お》ちていく。これを何《なん》という？

① マリンスノー
② シースノー
③ 深海雪《しんかいせつ》

Q652

しも柱《ばしら》はどんなもの？

① 土《つち》の中《なか》の水分《すいぶん》がこおったもの
② 空気中《くうきちゅう》の水分《すいぶん》が地面《じめん》近《ちか》くでこおったもの
③ 植物《しょくぶつ》からしみ出《だ》した水分《すいぶん》がこおったもの

しも柱《ばしら》

マメ知識《ちしき》 Q647の大脳《だいのう》の外側《そとがわ》にある大脳皮質《だいのうひしつ》は、知能《ちのう》や人間《にんげん》らしさをつかさどるといわれている。

85ページの答《こた》えは87ページ

Q653

地上《ちじょう》で捨《す》てられたゴミは、水深《すいしん》500m以上《いじょう》の深海《しんかい》には届《とど》かない。○か×か？

Q654

地震《じしん》のとき、地面《じめん》がゆれて液体《えきたい》のようにやわらかくなる現象《げんしょう》は何《なに》？

① 液体化現象《えきたいかげんしょう》　② 液状化現象《えきじょうかげんしょう》
③ 軟化現象《なんかげんしょう》

Q655

ヒトや動物《どうぶつ》が食《た》べたものは、胃《い》や小腸《しょうちょう》へ運《はこ》ばれ、体《からだ》に吸収《きゅうしゅう》されやすいものに変《か》わる。これを何《なん》という？

Q656

氷河《ひょうが》によって土地《とち》がけずられてできた地形《ちけい》は、次《つぎ》のうちのどれ？

① V字谷《ブイじこく》　② U字谷《ユーじこく》
③ M字谷《エムじこく》

Q657

目《め》で見《み》える星《ほし》は六等星《ろくとうせい》まで。では、六等星《ろくとうせい》を1とすると、一等星《いっとうせい》はどれぐらいの明《あか》るさになる？

① 約《やく》2.5倍《ばい》　② 約《やく》15.6倍《ばい》
③ 約《やく》39倍《ばい》　④ 約《やく》100倍《ばい》

Q658

レモンを使《つか》って電池《でんち》を作《つく》ることができる。○か×か？

Q659

水中《すいちゅう》にあるものの表面《ひょうめん》1㎠あたりに働《はたら》く水《みず》の圧力《あつりょく》を水圧《すいあつ》という。水圧《すいあつ》は、深《ふか》くなればなるほどどうなる？

① 大《おお》きくなる　② 小《ちい》さくなる
③ 深《ふか》さは関係《かんけい》しない

Q660

花粉症《かふんしょう》の原因《げんいん》になる花粉《かふん》を出《だ》す植物《しょくぶつ》は、スギだけ。○か×か？

Q661

次《つぎ》の種子《しゅし》のうち、胚《はい》にゅうがないのは？

① インゲンマメ
② トウモロコシ　③ イネ

Q662

トノサマバッタには、体《からだ》の色《いろ》や羽《はね》の長《なが》さのちがうものが発生《はっせい》することがある。それはなぜ？

① 暮《く》らしている環境《かんきょう》で羽《はね》の長《なが》さや色《いろ》が変《か》わる。
② 別《べつ》の種類《しゅるい》になる。
③ 長生《ながい》きすると変《か》わる。

83ページの答《こた》え

Q637 ① 2時間《じかん》ほどじっとしかねむらない。 Q638 ② 22時間《じかん》ほどねている。 Q639 ×…ほとんどの種子《しゅし》には、発芽《はつが》できる寿命《じゅみょう》がある。 Q640 ② あたたまった空気《くうき》は下《した》から上《うえ》へ動《うご》くので、部屋全体《へやぜんたい》が早《はや》くあたたまりやすい。 Q641 ③ Q642 水溶液《すいようえき》 Q643 ③ Q644 ③ 空気《くうき》があると、羽《はね》は空気《くうき》にじゃまされてゆっくり落《お》ちるけど、真空中《しんくうちゅう》では同時《どうじ》に落《お》ちる。

マメ知識《ちしき》　Q654の現象《げんしょう》により、地上《ちじょう》の建物《たてもの》や道路《どうろ》がしずみ、地下《ちか》のものが浮《う》いてくることがある。

86ページの答《こた》えは88ページ

Q663

太陽《たいよう》は炎《ほのお》を出《だ》して燃《も》えている。○か×か？

Q664

太陽《たいよう》の表面温度《ひょうめんおんど》は、どのくらい？

① 約《やく》2500℃　② 約《やく》6000℃
③ 約《やく》10000℃

Q665

太陽《たいよう》のまわり（コロナ）の温度《おんど》は、どのくらい？

① 約《やく》6000℃　② 約《やく》1万《まん》℃
③ 約《やく》10万《まん》℃　④ 約《やく》100万《まん》℃

Q666

太陽《たいよう》の中心《ちゅうしん》の温度《おんど》は、どのくらい？

① 約《やく》16万《まん》℃　② 約《やく》160万《まん》℃
③ 約《やく》1600万《まん》℃

Q667

次《つぎ》の太陽《たいよう》と地球《ちきゅう》の関係《かんけい》についての説明《せつめい》のうち、まちがいはどれ？

① 太陽《たいよう》の直径《ちょっけい》は、地球《ちきゅう》の約《やく》1000倍《ばい》もある。
② 太陽《たいよう》の重《おも》さは、地球《ちきゅう》の約《やく》33万倍《まんばい》もある。
③ 太陽《たいよう》から出《で》た光《ひかり》は、約《やく》８分《ぷん》20秒後《びょうご》に地球《ちきゅう》へ届《とど》く。

©NASA

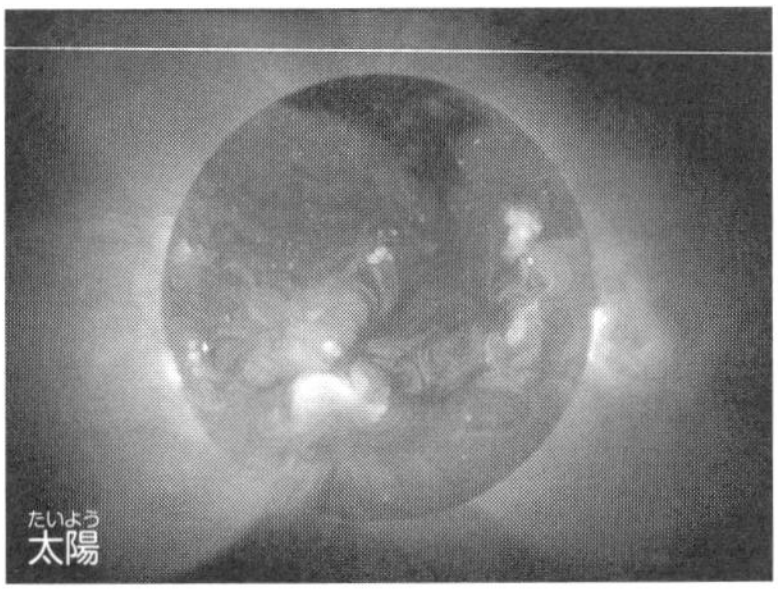

Q668

今《いま》から50億年後《おくねんご》、太陽《たいよう》の大《おお》きさはどうなるといわれている？

① 今《いま》より大《おお》きくなる
② 今《いま》より小《ちい》さくなる
③ 変《か》わらない

Q669

太陽《たいよう》を天体望遠鏡《てんたいぼうえんきょう》で観察《かんさつ》したとき、表面《ひょうめん》に見《み》える暗《くら》い部分《ぶぶん》を何点《なにてん》という？

Q670

太陽《たいよう》の表面《ひょうめん》の暗《くら》い部分《ぶぶん》の数《かず》はいつも同《おな》じ。○か×か？

84ページの答《こた》え

Q645 ○…緑色《みどりいろ》や茶色《ちゃいろ》、赤《あか》い色《いろ》の海藻《かいそう》も光合成《こうごうせい》をする。 Q646 ④ Q647 ① Q648 ② 雲《くも》の量《りょう》が0～1なら快晴《かいせい》、2～8のときは晴《は》れ、9～10はくもり。 Q649 ② アルミニウムはあわ（水素《すいそ》）を出《だ》して完全《かんぜん》にとけてしまう。 Q650 ② エアコンの室《しつ》外機《がいき》や工場《こうじょう》、自動車《じどうしゃ》から出《で》る熱《ねつ》も原因《げんいん》。 Q651 ① Q652 ①

マメ知識《ちしき》 Q665の太陽《たいよう》のまわりのコロナという大気層《たいきそう》では、ガスが上昇《じょうしょう》したり下降《かこう》したりしている。

Q671

１日《にち》でいちばん太陽《たいよう》が高《たか》い位置《いち》にくることを何《なん》という？

① 天中《てんちゅう》　② 高中《こうちゅう》　③ 南中《なんちゅう》

Q672

日本《にほん》で１年《ねん》のうちいちばん太陽《たいよう》の位置《いち》が高《たか》くなる日《ひ》を何《なん》という？

① 春分《しゅんぶん》　② 秋分《しゅうぶん》
③ 夏至《げし》　④ 冬至《とうじ》

Q673

太陽《たいよう》を直接《ちょくせつ》見《み》てはいけないが、サングラスや下《した》じきを使《つか》えば、太陽《たいよう》を見《み》てよい。○か×か？

Q674

太陽《たいよう》は、朝《あさ》、[A]から昇《のぼ》って[B]の空《そら》を通《とお》り、夕方《ゆうがた》に[C]にしずむ。ＡＢＣに入《はい》る方角《ほうがく》として正《ただ》しい組《く》み合《あ》わせはどれ？

① Ａ—東《ひがし》　Ｂ—西《にし》　Ｃ—南《みなみ》
② Ａ—東《ひがし》　Ｂ—南《みなみ》　Ｃ—西《にし》
③ Ａ—西《にし》　Ｂ—南《みなみ》　Ｃ—東《ひがし》

Q675

太陽《たいよう》が西《にし》の空《そら》にあるとき、かげはどっち側《がわ》にできる？

① 東《ひがし》　② 西《にし》　③ 南《みなみ》

Q676

太陽《たいよう》の光《ひかり》が物《もの》にあたってできるかげの長《なが》さは時刻《じこく》とともに変《か》わるよ。いちばん長《なが》くなるのは、いつ？

① 午前《ごぜん》10時《じ》　② 正午《しょうご》
③ 午後《ごご》５時《じ》

Q677

赤道《せきどう》付近《ふきん》が暑《あつ》いのは、太陽《たいよう》の光《ひかり》が、真上《まうえ》近《ちか》くからあたるから。○か×か？

Q678

太陽《たいよう》から地球《ちきゅう》に降《ふ》り注《そそ》ぐ光《ひかり》エネルギーを、すべて人間《にんげん》が利用《りよう》できるエネルギーに変《か》えることができたら、世界《せかい》で１年間《ねんかん》に使《つか》うエネルギーを、どれくらいの時間《じかん》でまかなうことができる？

① 約《やく》１時間《じかん》　② 約《やく》10時間《じかん》
③ 約《やく》100時間《じかん》

Q679

虹《にじ》は、太陽《たいよう》と反対側《はんたいがわ》の空《そら》に現《あらわ》れる。○か×か？

85ページの答《こた》え

Q653 ×…自然《しぜん》に分解《ぶんかい》されないゴミぶくろなどが見《み》つかっているよ。 Q654 ② Q655 消化《しょうか》 Q656 ② おもにヨーロッパの山岳《さんがく》地帯《ちたい》に見《み》られるよ。 Q657 ④ Q658 ○…２種類《しゅるい》の金属《きんぞく》を差《さ》し、導線《どうせん》をつなぐと、電池《でんち》になるよ。 Q659 ① Q660 ×…ヒノキ、ヨモギなど、60種類《しゅるい》ほどあるといわれているよ。 Q661 ① Q662 ①

86ページの答《こた》え

Q663 ×…核融合《かくゆうごう》という反応《はんのう》で光《ひかり》と熱《ねつ》を出《だ》し、燃《も》えてはいない。 Q664 ② Q665 ④ Q666 ③ Q667 ① 太陽《たいよう》の直径《ちょっけい》は地球《ちきゅう》の約《やく》109倍《ばい》。 Q668 ① 100倍以上《ばいいじょう》にふくらむ。ふくらみ始《はじ》めてから十数億年後《じゅうすうおくねんご》には、地球《ちきゅう》ほどの大《おお》きさになる。 Q669 黒点《こくてん》 まわりより温度《おんど》が低《ひく》い部分《ぶぶん》だよ。 Q670 ×…太陽《たいよう》が活発《かっぱつ》に活動《かつどう》していると、黒《くろ》い部分《ぶぶん》(黒点《こくてん》)の数《かず》がふえる。

Q680

金属《きんぞく》を熱《ねつ》すると、どうなるかな？

① 熱《ねっ》したところだけ熱《あつ》くなる。
② 熱《ねっ》せられたところから、遠《とお》くへ順《じゅん》に温《あたた》まっていく。
③ 熱《ねっ》しても温度《おんど》はまったく変化《へんか》しない。

Q681

服《ふく》などに使《つか》われている繊維《せんい》で、石油《せきゆ》や石炭《せきたん》などから作《つく》られるものを何《なん》という？

① 化学繊維《かがくせんい》
② 石油繊維《せきゆせんい》
③ 人工繊維《じんこうせんい》

Q682

食塩《しょくえん》は、水《みず》にいくら入《い》れてもとける。〇か×か？

Q683

マグマが地下深《ちかふか》くで［A］冷《ひ》えて、大《おお》きなつぶでできた岩《いわ》を［B］という。AとBに入《はい》る言葉《ことば》の組《く》み合《あ》わせで正《ただ》しいのはどれ？

① A－ゆっくり　B－深成岩《しんせいがん》
② A－はやく　B－たい積岩《せきがん》
③ A－ゆっくり　B－火山岩《かざんがん》

Q684

すべての植物《しょくぶつ》の種子《しゅし》は、子葉《しよう》という部分《ぶぶん》に、種子《しゅし》が芽《め》を出《だ》すための養分《ようぶん》をたくわえている。〇か×か？

Q685

次《つぎ》のこん虫《ちゅう》のうち、冬《ふゆ》のすごし方《かた》がちがうのはどれ？

① テントウムシ　② ミツバチ
③ トノサマバッタ

Q686

ミカヅキモやケイソウなどのように、緑色《みどりいろ》をしていて、動《うご》かないプランクトンを何《なん》という？

① 植物《しょくぶつ》プランクトン
② 動物《どうぶつ》プランクトン
③ 緑色《みどりいろ》プランクトン

Q687

コウモリは、なぜ暗闇《くらやみ》の中《なか》でもものにぶつからずに飛《と》べる？

① 超音波《ちょうおんぱ》で周《まわ》りの様子《ようす》を探《さぐ》っているから
② 暗闇《くらやみ》でもよく見《み》える目《め》があるから
③ においをかぎ分《わ》けているから

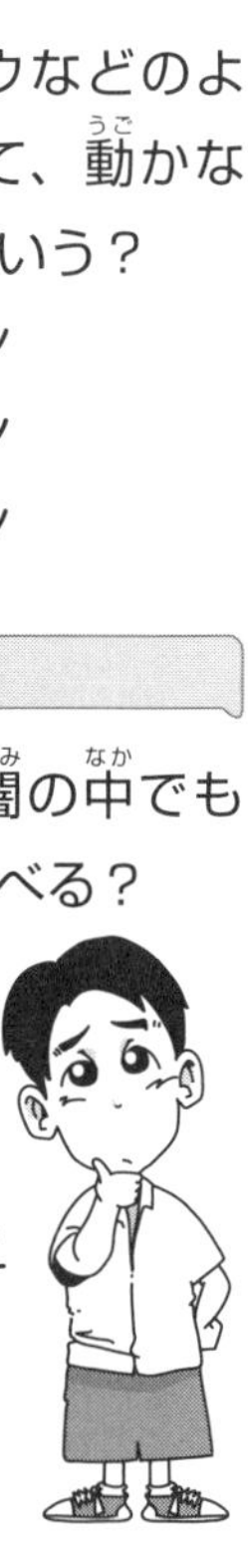

マメ知識《ちしき》　Q681の繊維《せんい》に対《たい》し、もめんやウールなど植物《しょくぶつ》や動物《どうぶつ》からとれる繊維《せんい》を天然繊維《てんねんせんい》という。

右《みぎ》は、人《ひと》の消化管《しょうかかん》（食《た》べ物《もの》の通《とお》り道《みち》）の図《ず》だよ。A～Fに入《はい》る、それぞれの名称《めいしょう》を答《こた》えよう。

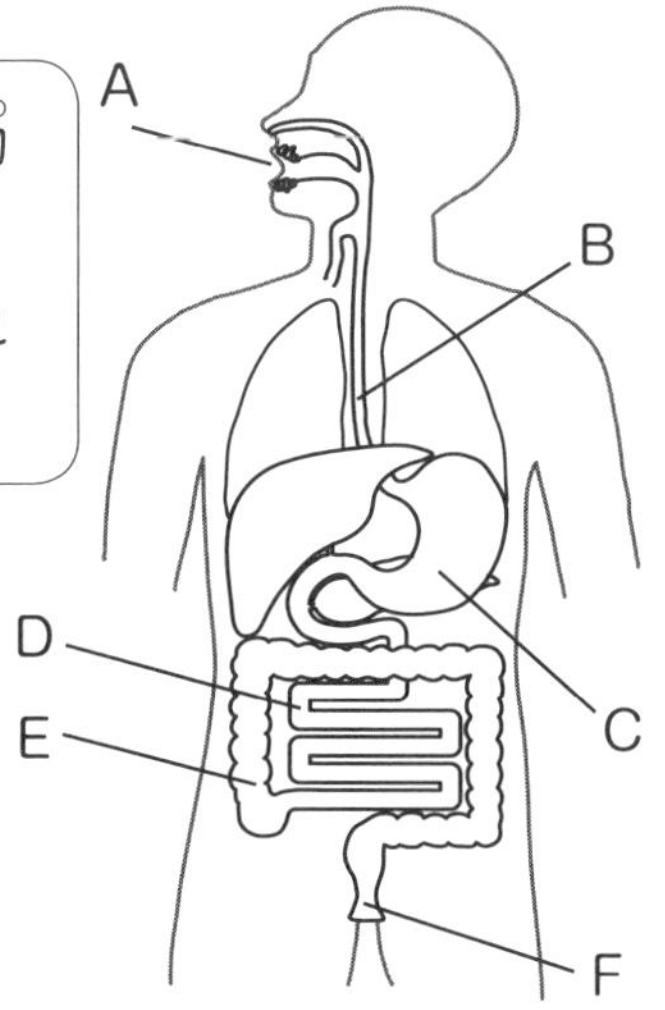

Q688

Aは何《なに》？

Q689

Bは何《なに》？

Q690

Cは何《なに》？

Q691

Dは何《なに》？

Q692

Eは何《なに》？

Q693

Fは何《なに》？

Q694

プラスチックごみのうち、直径《ちょっけい》5mm以下《いか》の破片《はへん》を何《なん》という？

① スモールプラスチック
② ミクロプラスチック
③ マイクロプラスチック

Q695

歳《とし》をとると、若返《わかがえ》るクラゲがいる。それは、次《つぎ》のうちのどれ？

① ミズクラゲ　② ベニクラゲ
③ エチゼンクラゲ

Q696

スズメが電線《でんせん》にとまっても感電《かんでん》しないのはどうして？

① 鳥《とり》の足《あし》と足《あし》の間《あいだ》がせまいから
② 鳥《とり》の体《からだ》は電気《でんき》を通《とお》さないから
③ 電気《でんき》が流《なが》れる前《まえ》に飛《と》び去《さ》るから

Q697

めしべの先《さき》の部分《ぶぶん》を何《なん》という？

① 花柱《かちゅう》　② 柱頭《ちゅうとう》　③ 子《し》ぼう

Q698

赤外線《せきがいせん》は目《め》では見《み》えないが、デジタルカメラで写《うつ》すことはできる。○か×か？

87ページの答《こた》え

Q671 ③　Q672 ③　Q673 ×　Q674 ②　Q675 ① かげは太陽《たいよう》と反対側《はんたいがわ》にできる。 Q676 ③ 太陽《たいよう》の位置《いち》が高《たか》い正午《しょうご》のかげがいちばん短《みじか》く、低《ひく》い午後《ごご》5時《じ》のかげがいちばん長《なが》い。 Q677 ○…太陽《たいよう》の光《ひかり》がななめからあたる南極《なんきょく》や北極付近《ほっきょくふきん》より、真上近《まうえちか》くからあたる赤道付近《せきどうふきん》の気温《きおん》が上《あ》がりやすい。 Q678 ①　Q679 ○…太陽《たいよう》の光《ひかり》が空気中《くうきちゅう》の水《すい》てきの中《なか》でくっ折《せつ》・反射《はんしゃ》したのが虹《にじ》。

マメ知識《ちしき》 Q694は、海《うみ》をただよい、海《うみ》の生《い》き物《もの》が食《た》べ物《もの》とまちがえて食《た》べてしまうことがある。

90ページの答《こた》えは92ページ

Q699

コンピュータは、すべての情報《じょうほう》を、いくつかの数字《すうじ》で表《あらわ》している。その数字《すうじ》とは？

① 0と1　② 0～10

③ 0～100

Q700

長《なが》いビニールぶくろに空気《くうき》を吹《ふ》きこむとき、早《はや》くふくらませられるのはどれ？

① ふくろから少《すこ》し口《くち》を離《はな》してふく

② ふくろに口《くち》をつけてふく

③ どちらも変《か》わらない

Q701

種子《しゅし》が発芽《はつが》し、成長《せいちょう》するときには、子葉《しよう》や胚《はい》にゅうの中《なか》にたくわえられた養分《ようぶん》が使《つか》われる。その養《よう》分《ぶん》とはおもに何《なに》？

① 脂肪《しぼう》　② 水《みず》　③ でんぷん

Q702

石炭《せきたん》や石油《せきゆ》は、大昔《おおむかし》の生《い》き物《もの》がもとになっている。○か×か？

Q703

地球《ちきゅう》は、完全《かんぜん》な球状《きゅうじょう》ではない。○か×か？

Q704

血液《けつえき》の中《なか》の余分《よぶん》な水分《すいぶん》やいらなくなったものをこしとって尿《にょう》にする臓器《ぞうき》はどれ？

① ぼうこう

② かん臓《ぞう》

③ じん臓《ぞう》

Q705

手術道具《しゅじゅつどうぐ》の殺菌《さっきん》にはある電磁波《でんじは》が使《つか》われている。それは何《なに》？

① X線《エックスせん》　② ガンマ線《せん》

③ 紫外線《しがいせん》　④ 赤外線《せきがいせん》

Q706

100mLの水《みず》に10gの食塩《しょくえん》をとかした食塩水《しょくえんすい》の重《おも》さは何《なん》g？

① 90g　② 100g　③ 110g

Q707

ラクダのこぶには何《なに》がある？

① 水分《すいぶん》　② 脂肪《しぼう》　③ 空気《くうき》

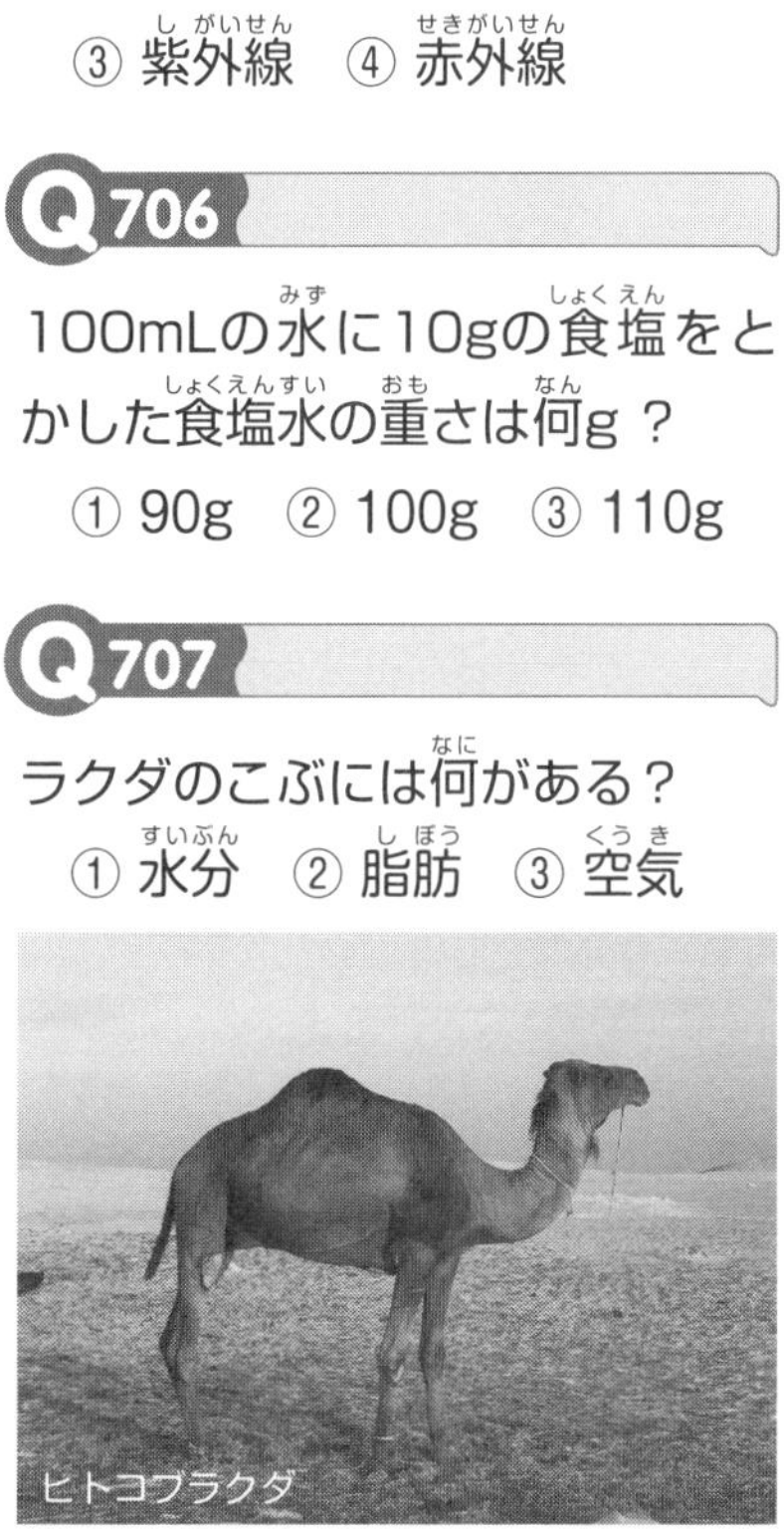

ヒトコブラクダ

88ページの答《こた》え

Q680 ②　Q681 ① ナイロンやアクリル、ポリエステルなど。　Q682 ×…ものが水《みず》にとける量《りょう》には決《き》まりがある。水《みず》の温度《おんど》が30℃なら、50mLの水《みず》に食塩《しょくえん》は約《やく》18gとける。　Q683 ①　Q684 ×…カキなどは、子葉《しよう》ではなく胚《はい》にゅうという部分《ぶぶん》に養分《ようぶん》をたくわえているよ。　Q685 ③ 卵《たまご》で冬《ふゆ》をすごす。ほかは、成虫《せいちゅう》で冬《ふゆ》をすごすよ。　Q686 ①　Q687 ①

マメ知識《ちしき》　Q707のラクダには、西《にし》アジア原産《げんさん》のヒトコブラクダ、中央《ちゅうおう》アジア原産《げんさん》のフタコブラクダがいる。

91ページの答《こた》えは93ページ

Q708

こん虫《ちゅう》の多《おお》くは、４枚《まい》の羽《はね》をもっているけど、羽《はね》が２枚《まい》のこん虫《ちゅう》もいるよ。それは次《つぎ》のどれ？

① モンシロチョウ　② ハエ

③ ミツバチ　④ オニヤンマ

Q709

音《おと》を聞《き》き取《と》る以外《いがい》に、ヒトの耳《みみ》の働《はたら》きとして正《ただ》しいのはどれ？

① 体温《たいおん》を調節《ちょうせつ》する。

② 体《からだ》のバランスをとる。

③ 血液《けつえき》の流《なが》れを調節《ちょうせつ》する。

Q710

ヒトは肺《はい》で呼吸《こきゅう》するけど、こん虫《ちゅう》は何《なに》を使《つか》って呼吸《こきゅう》する？

① 気管《きかん》　② えら

③ 肺《はい》

Q711

ヒトの体《からだ》の中《なか》で気管《きかん》が２つに分《わ》かれて、左右《さゆう》の肺《はい》につながる部分《ぶぶん》は？

① 肺《はい》ほう

② 気管支《きかんし》

③ 三半規管《さんはんきかん》

Q712

ヒトの目《め》にあるこうさいは、目《め》に入《はい》る[Ⓐ]の量《りょう》を調節《ちょうせつ》する。このとき、[Ⓑ]の大《おお》きさが変《か》わる。ⒶとⒷに入《はい》るのは、何《なに》？

Q713

次《つぎ》の金属《きんぞく》のうち、うすい塩酸《えんさん》で、よくとけるものはどれとどれ？

① 金《きん》　② 鉄《てつ》　③ 亜鉛《あえん》

④ 銅《どう》　⑤ 銀《ぎん》

Q714

南極《なんきょく》と北極《ほっきょく》では、どちらの平均気《へいきんき》温《おん》が低《ひく》い？

① 南極《なんきょく》

② 北極《ほっきょく》

③ 差《さ》はない

Q715

流《なが》れる川《かわ》の水《みず》が、岩石《がんせき》や土砂《どしゃ》を下流《かりゅう》に運《はこ》ぶ働《はたら》きを何《なん》という？

① 運《うん》ぱん

② 浸食《しんしょく》

③ たい積《せき》

Q716

ダンゴムシは、進《すす》んでいる最中《さいちゅう》にかべにつき当《あ》たると、必《かなら》ず右《みぎ》に曲《ま》がる。○か×か？

89ページの答《こた》え

Q688 口《くち》　Q689 食道《しょくどう》　Q690 胃《い》　Q691 小腸《しょうちょう》　Q692 大腸《だいちょう》　Q693 こう門《もん》　Q694 ③ 細《こま》かくなっても分解《ぶんかい》されない。　Q695 ② 直径約《ちょっけいやく》5mmの小《ちい》さなクラゲで、老化《ろうか》すると若《わか》い状態《じょうたい》に戻《もど》るのだ。　Q696 ① 電気《でんき》は電圧《でんあつ》の高《たか》いところから低《ひく》いところへ流《なが》れる。１本《ぽん》の電線《でんせん》の上《うえ》で電圧《でんあつ》の差《さ》はないが、片足《かたあし》が別《べつ》の電線《でんせん》にふれると感電《かんでん》する。　Q697 ②　Q698 ○

マメ知識《ちしき》

Q712のヒトの目《め》にあるこうさいのもようは、ひとりひとりちがう。

92ページの答《こた》えは94ページ

Q722	■	■	Q717 Q725		Q723
Q718	Q724			■	
■		■	Q719		
Q720				■	
■		■		■	
Q721					■

92〜93ページは、クロスワード問題《もんだい》だ。横《よこ》のカギ、縦《たて》のカギをヒントに、カタカナでクロスワードをうめていこう！

90ページの答《こた》え

Q699 ① たった2つの数字《すうじ》を利用《りよう》し、電気信号《でんきしんごう》で情報処理《じょうほうしょり》している。 Q700 ① 吹《ふ》きこまれる息《いき》に引《ひ》きずられて周《まわ》りの空気《くうき》も入《はい》るので、早《はや》くふくらむ。 Q701 ③ 水《みず》は養分《ようぶん》ではないよ。 Q702 ○ Q703 ○…南北《なんぼく》につぶれた形《かたち》になっている。 Q704 ③ Q705 ③ Q706 ③ Q707 ② これを栄養《えいよう》や水《みず》にして、砂《さ》ばくで何日間《なんにちかん》も食《た》べ物《もの》や水《みず》を口《くち》にせずに生活《せいかつ》できる。

Q717

【横《よこ》のカギ】

地下資源《ちかしげん》で、油田《ゆでん》からほり出《だ》す。精製《せいせい》することで、ガソリンや、医薬品《いやくひん》、軽油《けいゆ》、重油《じゅうゆ》、アスファルトなど、燃料《ねんりょう》や原料《げんりょう》などに幅広《はばひろ》く用《もち》いられる。あと数十年《すうじゅうねん》でなくなるともいわれている。

くっさく機《き》

Q718

【横《よこ》のカギ】

まさつなどで、静電気《せいでんき》を起《お》こす装置《そうち》。静電発電機《せいでんはつでんき》ともいう。

Q719

【横《よこ》のカギ】

雲《くも》の中《なか》などで起《お》こる気流《きりゅう》の乱《みだ》れのこと。○○○流《りゅう》の○に入《はい》る3文字《もじ》は？　飛行機《ひこうき》の運航《うんこう》に支障《ししょう》がでることも。

マメ知識《ちしき》 Q718は、日本《にほん》でも江戸時代《えどじだい》に平賀源内《ひらがげんない》によって「エレキテル」という名《な》で作《つく》られた。

93ページの答《こた》えは95ページ

Q720

【横《よこ》のカギ】

輪《りん》じくや滑車《かっしゃ》、てこなどで、力《ちから》を加《くわ》えるところを何《なん》という？

Q721

【横《よこ》のカギ】

アメリカの発明家《はつめいか》トーマス・エジソンが、1877年《ねん》に発明《はつめい》した音《おと》を記録《きろく》できる機械《きかい》。円筒《えんとう》に巻《ま》いたスズはくに針《はり》できざんだ溝《みぞ》を針《はり》でなぞって振動板《しんどうばん》をふるわせ、音《おと》を再《さい》生《せい》した。

トーマス・エジソン

Q722

【縦《たて》のカギ】

地球《ちきゅう》が、太陽《たいよう》の周《まわ》りを地軸《ちじく》をかたむけながら回《まわ》るために起《お》こる気候《きこう》の変化《へんか》を何《なん》という？

春《はる》、夏《なつ》、秋《あき》、冬《ふゆ》のことだよ。

Q723

【縦《たて》のカギ】

生物《せいぶつ》の体《からだ》を作《つく》っている要素《ようそ》のひとつで、炭素原子《たんそげんし》をふくむ成分《せいぶん》を何《なん》という？

ふくまないものは無機物《むきぶつ》という。

Q724

【縦《たて》のカギ】

電流《でんりゅう》を流《なが》すのに＋極《きょく》と－極《きょく》に用《もち》いる、棒状《ぼうじょう》や板状《いたじょう》のもの。

Q725

【縦《たて》のカギ】

夏《なつ》の晴《は》れた日《ひ》などに見《み》られる、空《そら》の上《うえ》に高《たか》く発達《はったつ》した雲《くも》。入道《にゅうどう》雲《ぐも》ともいう。

91ページの答《こた》え

Q708 ② Q709 ② Q710 ① ヒトは肺《はい》で、魚《さかな》はえらで呼吸《こきゅう》するけど、こん虫《ちゅう》は気管《きかん》で呼吸《こきゅう》するよ。 Q711 ② Q712 Ⓐ…光《ひかり》 Ⓑ…ひとみ(どうこう) Q713 ②と③ Q714 ① 海《うみ》より陸《りく》の方《ほう》が温度《おんど》が変化《へんか》しやすい。北極《ほっきょく》は海《うみ》に浮《う》かぶ氷《こおり》だけど、南極《なんきょく》は地面《じめん》の上《うえ》に分厚《ぶあつ》い氷《こおり》がある。 Q715 ① Q716 ×…つき当《あ》たりを右《みぎ》、左《ひだり》と交互《こうご》に曲《ま》がる性質《せいしつ》があるよ。

マメ知識《ちしき》 Q721で最初《さいしょ》に録音《ろくおん》された音《おと》は、エジソン自身《じしん》が歌《うた》った「メリーさんのヒツジ」という歌《うた》。

92ページの答《こた》え

Q717 セキユ　漢字《かんじ》で書《か》くと「石油《せきゆ》」。「BP統計《とうけい》2020年《ねん》」によれば、現在確認《げんざいかくにん》されている石油《せきゆ》を今《いま》の技術《ぎじゅつ》とペースで使《つか》い続《つづ》けると、2069年《ねん》にはなくなるという。　Q718 キデンキ　漢字《かんじ》で書《か》くと「起電機《きでんき》」。最初《さいしょ》の起電機《きでんき》は1660年代《ねんだい》に、真空《しんくう》ポンプの発明《はつめい》でも知《し》られるゲーリケが硫黄球《いおうだま》で作《つく》った。　Q719 ランキ　漢字《かんじ》で書《か》くと「乱気《らんき》(流《りゅう》)」。空気中《くうきちゅう》に渦《うず》が生《しょう》じて気流《きりゅう》が乱《みだ》れた状態《じょうたい》。

Q726

羽《はね》を広《ひろ》げると、目玉《めだま》もようが美《うつく》しいクジャクのおす。これは、どんなときに使《つか》うのかな？

① 目玉《めだま》のようなもようでライバルをおどすとき
② きれいな羽《はね》でめすにプロポーズするとき
③ 羽《はね》を広《ひろ》げて、子《こ》どもを守《まも》るとき

クジャクのおす(右《みぎ》)とめす(左《ひだり》)

Q727

光《ひかり》も電磁波《でんじは》だ。○か×か？

Q728

おしべの先《さき》には何《なに》があるかな？

① やく
② がく
③ 花粉管《かふんかん》

Q729

水《みず》１mLの重《おも》さは何《なん》g？

① １g　② 10g　③ 100g

Q730

ホウ酸《さん》を水《みず》にたくさんとかすには、どうすればよい？

① 水《みず》の量《りょう》を減《へ》らす。
② 水《みず》の温度《おんど》を低《ひく》くする。
③ 水《みず》の温度《おんど》を高《たか》くする。

Q731

消化《しょうか》によって、食《た》べ物《もの》にふくまれるでんぷんから、最終的《さいしゅうてき》につくられるのは？

① グリセリン　② アミノ酸《さん》
③ ぶどう糖《とう》

Q732

脈《みゃく》はくは動物《どうぶつ》の種類《しゅるい》によってちがうよ。次《つぎ》のうち１分間《ぶんかん》の脈《みゃく》はくの数《かず》がいちばん多《おお》い動物《どうぶつ》は？

① ゾウ　② シロナガスクジラ
③ ヒト　④ ハツカネズミ

Q733

人《ひと》が乗《の》った潜水船《せんすいせん》で、もっとも深《ふか》くまでもぐったのは、水深《すいしん》何《なん》m？

① 約《やく》4,520m　② 約《やく》6,530m
③ 約《やく》8,540m　④ 約《やく》10,930m

マメ知識《ちしき》　Q726のおすの羽《はね》は７月《がつ》ごろからぬけ始《はじ》め、12月《がつ》ごろから新《あたら》しい羽《はね》が生《は》え始《はじ》める。

95ページの答《こた》えは97ページ

Q734

川底《かわぞこ》の石《いし》が、小《ちい》さく角《かど》が丸《まる》まっているものが多《おお》く見《み》られるのは、次《つぎ》のうち、川《かわ》のどの辺《あた》り？

① 上流《じょうりゅう》　② 中流《ちゅうりゅう》　③ 下流《かりゅう》

Q735

チョウは、人間《にんげん》の目《め》では見《み》ることのできない光《ひかり》を見《み》ることができる。○か×か？

Q736

こい食塩水《しょくえんすい》100mLと、うすい食《しょく》塩水《えんすい》100mLでは、どちらが重《おも》い？

① こい食塩水《しょくえんすい》
② うすい食塩水《しょくえんすい》
③ 同《おな》じ重《おも》さ

Q737

次《つぎ》のほ乳類《にゅうるい》のうち、赤《あか》ちゃんをおなかにあるふくろの中《なか》で育《そだ》てるのはどれ？

① イヌ　② ウマ
③ コアラ　④ ウサギ

Q738

ヒトは肺《はい》で呼吸《こきゅう》するけど、ミミズはどこで呼吸《こきゅう》をするのかな？

① えら　② 皮《ひ》ふ　③ 肺《はい》

Q739

これは、水《みず》にとけにくい気体《きたい》を集《あつ》める方法《ほうほう》だけど、何《なん》という？

Q740

海岸《かいがん》から水深《すいしん》200mぐらいまでの、なだらかな海底《かいてい》を何《なん》という？

① 海溝《かいこう》　② 深海底《しんかいてい》
③ 大陸斜面《たいりくしゃめん》　④ 大陸《たいりく》だな

Q741

ヒトや動物《どうぶつ》の体内《たいない》を、血液《けつえき》がめぐることを、血液《けつえき》の何《なん》という？

① 循環《じゅんかん》　② 脈《はく》はく
③ 運《うん》ぱん

Q742

健康診断《けんこうしんだん》に使《つか》うX線《エックスせん》検査《けんさ》は、レントゲン検査《けんさ》ともいうよ。レントゲンって何《なに》？

① X線《エックスせん》を発見《はっけん》した人《ひと》の名前《なまえ》
② 検査《けんさ》の始《はじ》まった地名《ちめい》
③ 最初《さいしょ》に検査《けんさ》を受《う》けた人《ひと》の名前《なまえ》

93ページの答《こた》え

Q720 リキテン　漢字《かんじ》で書《か》くと「力点《りきてん》」。　Q721 チクオンキ　漢字《かんじ》で書《か》くと「蓄音機《ちくおんき》」。　Q722 シキ　漢字《かんじ》で書《か》くと「四季《しき》」。
Q723 ユウキブツ　漢字《かんじ》で書《か》くと「有機物《ゆうきぶつ》」。　Q724 デンキョク　漢字《かんじ》で書《か》くと「電極《でんきょく》」。　Q725 セキランウン　漢字《かんじ》で書《か》くと
「積乱雲《せきらんうん》」。雲《くも》の高《たか》さが10kmをこえることもあるよ。

マメ知識《ちしき》　Q739の方法《ほうほう》で、酸素《さんそ》や水素《すいそ》など水《みず》にとけない気体《きたい》が集《あつ》められる。

94ページ 答《こた》え

Q726 ②　Q727 ○…電磁波《でんじは》には波《なみ》があり、波《なみ》の長《なが》さのちがいで、可視光《かしこう》や電波《でんぱ》などにわかれる。　Q728 ①　やくの中《なか》で花粉《かふん》がつくられる。　Q729 ①　Q730 ③　Q731 ③　Q732 ④　ハツカネズミは1分間《ぶんかん》に600～700回《かい》。①や②など大《おお》きい動物《どうぶつ》ほど少《すく》ない。　Q733 ④　2019年《ねん》に地球《ちきゅう》でもっとも深《ふか》いマリアナ海溝《かいこう》のチャレンジャー海淵《かいえん》の海底《かいてい》までもぐった。

Q743

75mLの水《みず》に、25gの食塩《しょくえん》をとかしたときのこさは何《なん》%？

① 25%　② 30%

③ 75%

Q744

アメンボが水《みず》に浮《う》く理由《りゆう》として、まちがっているのは？

① 足《あし》にはえた毛《け》を水面《すいめん》に広《ひろ》げて体《からだ》を支《ささ》えている。

② 足《あし》から水《みず》をはじく成分《せいぶん》が出《で》ている。

③ 水《みず》の表面《ひょうめん》を飛《と》んでいる。

Q745

日光《にっこう》を当《あ》てないで大豆《だいず》を育《そだ》てると、モヤシになる。○か×か？

Q746

2011年《ねん》の東北地方太平洋沖地《とうほくちほうたいへいようおきじ》震《しん》は、日本《にほん》の観測史上《かんそくしじょう》最大規模《さいだいきぼ》を記録《きろく》した。地震《じしん》の規模《きぼ》をしめすマグニチュードはいくつ？

① マグニチュード7.5

② マグニチュード8.5

③ マグニチュード9.0

Q747

地震《じしん》のゆれは、波《なみ》になって伝《つた》わる。最初《さいしょ》は［A］ゆれのP波《ピーは》、続《つづ》いて［B］ゆれのS波《エスは》がくる。A、Bに入《はい》る組《く》み合《あ》わせとして正《ただ》しいのはどれ？

① A―縦《たて》　B―横《よこ》

② A―横《よこ》　B―縦《たて》

③ A―縦《たて》　B―縦《たて》

④ A―横《よこ》　B―横《よこ》

Q748

ホヤやナメクジウオなどのなかまを何《なん》という？

① 刺胞動物《しほうどうぶつ》　② 棘皮動物《きょくひどうぶつ》

③ 扁形動物《へんけいどうぶつ》　④ 原索動物《げんさくどうぶつ》

Q749

電流《でんりゅう》の通《とお》る道《みち》すじが、一本道《いっぽんみち》のようにつなぐことを並列《へいれつ》つなぎという。○か×か？

Q750

血液《けつえき》はどこでつくられる？

① 心臓《しんぞう》　② 肺《はい》　③ 骨《ほね》　④ 脳《のう》

Q751

次《つぎ》のうち、冬眠《とうみん》しないのはどれ？

① シマリス　② ヤマネ

③ キツネ　④ ヘビ

マメ知識《ちしき》　Q748のホヤの研究《けんきゅう》によって、セキツイ動物《どうぶつ》の進化《しんか》を知《し》る手《て》がかりが得《え》られるとされる。

97ページの答《こた》えは99ページ

Q752

小惑星《しょうわくせい》リュウグウから砂《すな》や小石《こいし》などを採取《さいしゅ》した日本《にほん》の探査機《たんさき》の名前《なまえ》は？

① はやぶさ
② はやぶさ2
③ はやぶさ3

Q753

ラジオは、電気《でんき》を何《なに》に変《か》えて利《り》用《よう》されているかな？

Q754

記録《きろく》が残《のこ》っている地震《じしん》で、世界《せかい》一大《いちおお》きな地震《じしん》のマグニチュードはいくつ？

① 8.5
② 9.5
③ 10.5

Q755

人間《にんげん》も赤外線《せきがいせん》を出《だ》している。○か×か？

赤外線《せきがいせん》で空気《くうき》を温《あたた》める電気《でんき》ストーブ

Q756

ＢＴＢ溶液《ようえき》を緑色《みどりいろ》にするのは、水《すい》溶液《ようえき》のどんな性質《せいしつ》？

① 酸性《さんせい》
② 中性《ちゅうせい》
③ アルカリ性《せい》

Q757

海岸近《かいがんちか》くで見《み》られる階段状《かいだんじょう》の地形《ちけい》を、漢字《かんじ》４文字《もじ》で何《なん》という？　上《うえ》の段丘面《だんきゅうめん》ほど古《ふる》い時代《じだい》にできたと考《かんが》えられている。

Q758

アリのなかまで、ほかの種類《しゅるい》のアリを働《はたら》かせるものがいる。○か×か？

Q759

赤道付近《せきどうふきん》で、赤道《せきどう》に向《む》かってふく東《ひがし》よりの風《かぜ》を何《なん》という？

① 貿易風《ぼうえきふう》　② 極偏東風《きょくへんとうふう》
③ 偏西風《へんせいふう》　④ ジェット気流《きりゅう》

Q760

月《つき》の重力《じゅうりょく》は、地球《ちきゅう》の重力《じゅうりょく》と比《くら》べるとどれくらい？

① 3分《ぶん》の1　② 6分《ぶん》の1
③ 3倍《ばい》　④ 6倍《ばい》

95ページの答《こた》え

Q734 ③ 川《かわ》の水《みず》によって、川底《かわぞこ》の石《いし》は流《なが》され、角《かど》がけずられる。 Q735 ○…チョウは紫外線《しがいせん》を感《かん》じることができる。 Q736 ① Q737 ③ コアラなどの有《ゆう》たい類《るい》は、子宮《しきゅう》でじゅうぶんに育《そだ》つ前《まえ》に子《こ》を産《う》み、おなかのふくろの中《なか》で育《そだ》てるよ。 Q738 ② 肺《はい》やえらなどの呼吸器《こきゅうき》がないミミズは、皮《ひ》ふから酸素《さんそ》を取《と》りこむよ。 Q739 水上置《すいじょうち》かん法《ほう》 Q740 ④ Q741 ① Q742 ①

マメ知識《ちしき》 Q752の探査機《たんさき》は、小惑星《しょうわくせい》に金属弾《きんぞくだん》をうちこんでクレーターをつくる世界初《せかいはつ》の実験《じっけん》をした。

96ページの答《こた》え

Q743 ① Q744 ③ Q745 ○…豆《まめ》や麦《むぎ》などを暗《くら》いところで発芽《はつが》させたものをモヤシという。 Q746 ③ この地震《じしん》による災害《さいがい》が東日本大震災《ひがしにほんだいしんさい》で、地震《じしん》とその後《ご》の津波《つなみ》によって、死者《ししゃ》・行方不明者《ゆくえふめいしゃ》は22,303人《にん》に達《たっ》した。 Q747 ① 縦《たて》ゆれの波《なみ》をP波《は》、横《よこ》ゆれの波《なみ》をS波《は》という。 Q748 ④ Q749 ×…直列《ちょくれつ》つなぎというよ。 Q750 ③ 骨《ほね》の中《なか》の骨髄《こつずい》でつくられる。 Q751 ③

Q761

電子《でんし》レンジで使《つか》われる電磁波《でんじは》は？

① X線《エックスせん》

② 赤外線《せきがいせん》

③ マイクロ波《は》

Q762

耐熱皿《たいねつざら》を２つ用意《ようい》して、１つは水《みず》、もう１つは氷《こおり》を入《い》れる。いっしょに電子《でんし》レンジに入《い》れて温《あたた》めると、どうなる？

① 水《みず》だけ温《あたた》まる

② 氷《こおり》だけとけて水《みず》になる

③ 水《みず》は温《あたた》まり、氷《こおり》はとけて水《みず》になる。

Q763

ハワイのキラウエア火山《かざん》では、髪《かみ》の毛《け》のような溶岩《ようがん》が見《み》られる。○か×か？

Q764

もしも、土星《どせい》を水《みず》に入《い》れることができたら浮《う》かぶ。○か×か？

Q765

牛乳《ぎゅうにゅう》は酸性《さんせい》・中性《ちゅうせい》・アルカリ性《せい》のうちどれ？

① 酸性《さんせい》　② 中性《ちゅうせい》

③ アルカリ性《せい》

Q766

昔《むかし》、人々《ひとびと》は広《ひろ》い海《うみ》で方角《ほうがく》を知《し》るために、北極星《ほっきょくせい》を目印《めじるし》にしていた。○か×か？

Q767

めしべに花粉《かふん》がつくと、めしべはそのあと、どうなる？

① めしべの根《ね》もとの部分《ぶぶん》がふくらんで果実《かじつ》になる。

② めしべが伸《の》びて新《あたら》しい葉《は》になる。

③ めしべは花《はな》ごと枯《か》れて落《お》ちる。

Q768

動脈《どうみゃく》を通《とお》る血液《けつえき》は、次《つぎ》のうちの何《なに》を多《おお》くふくんでいる？

① 二酸化炭素《にさんかたんそ》

② 酸素《さんそ》

③ ちっ素《そ》

④ ヨウ素《そ》

マメ知識《ちしき》 Q766の北極星《ほっきょくせい》は、こぐま座《ざ》α《アルファ》星《せい》という星《ほし》だが、時代《じだい》とともに北極星《ほっきょくせい》となる星《ほし》は変《か》わる。

Q769

次《つぎ》のうち、豆《まめ》電球《でんきゅう》がつくのはどれかな？

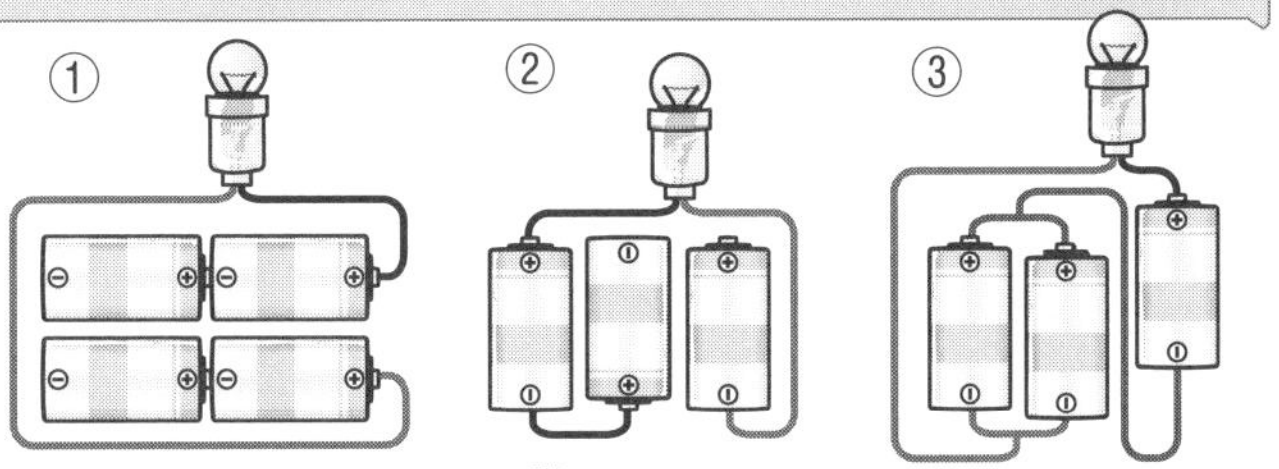

Q770

体《からだ》を曲《ま》げるとき、骨《ほね》についている[Ⓐ]をのびちぢみさせ、[Ⓑ]を曲《ま》げる。ⒶⒷに入《はい》るのは、それぞれ何《なに》？

Q771

紫外線《しがいせん》は、くもりの日《ひ》でも地上《ちじょう》に届《とど》く。それは、晴《は》れの日《ひ》と比《くら》べてどれくらいの量《りょう》かな？

① およそ10%
② およそ30%
③ およそ60%

Q772

扇状地《せんじょうち》は、山《やま》から流《なが》れ出《で》た川《かわ》の流《なが》れがゆるやかになり、土砂《どしゃ》や石《いし》が[Ⓐ]の底《そこ》にたまって、[Ⓑ]のような形《かたち》になったなだらかな土地《とち》。ⒶとⒷに入《はい》る言葉《ことば》は、それぞれ何《なに》？

Q773

次《つぎ》の鳥《とり》のうち、もっとも速《はや》く水《すい》平《へい》に飛《と》べる鳥《とり》は？

① ハリオアマツバメ
② ハヤブサ　③ カモ

Q774

ハムスターもウマも、受精卵《じゅせいらん》が母親《ははおや》の子宮《しきゅう》のなかで育《そだ》つ期間《きかん》は変《か》わらない。○か×か？

Q775

地球上《ちきゅうじょう》の 重力《じゅうりょく》の大《おお》きさは、場所《ばしょ》によってちがうよ。では、どこがいちばん重力《じゅうりょく》が小《ちい》さいかな？

① 赤道上《せきどうじょう》　② 北極《ほっきょく》　③ 南極《なんきょく》

Q776

生物《せいぶつ》の細胞《さいぼう》や、生物《せいぶつ》の働《はたら》きなどを利用《りよう》し、植物《しょくぶつ》の品種改良《ひんしゅかいりょう》や食《しょく》品製造《ひんせいぞう》などを行《おこな》う技術《ぎじゅつ》は？

① バイオテクノロジー
② ケミカルテクノロジー
③ サイエンステクノロジー

97ページの答《こた》え

Q752 ② 2019年《ねん》、リュウグウの砂《すな》や小石《こいし》の入《はい》ったカプセルが探査機《たんさき》から分離《ぶんり》し、地球《ちきゅう》に届《とど》いた。 Q753 音《おと》 電波《でんぱ》をアンテナで受《う》け、音《おと》に変《か》えて聞《き》く。 Q754 ② 1960年《ねん》に南《みなみ》アメリカのチリ沖《おき》で発生《はっせい》した地震《じしん》。 Q755 ○ Q756 ② Q757 海岸段丘《かいがんだんきゅう》 Q758 ○…サムライアリはクロヤマアリのまゆを自分《じぶん》たちの巣《す》に運《はこ》び、羽化《うか》したクロヤマアリを働《はたら》かせる。 Q759 ① Q760 ②

マメ知識《ちしき》 Q772の扇状地《せんじょうち》の中央部分《ちゅうおうぶぶん》(扇央《せんおう》)は、水《みず》はけがよいため果物《くだもの》の栽培《さいばい》に適《てき》している。

100ページの答《こた》えは102ページ

Q777

重《おも》さ60g、体積《たいせき》5㎤の鉄球《てっきゅう》をばねばかりにつけて、水《みず》にしずめたとき、目《め》もりは何《なん》gをしめす？

① 65g　② 60g　③ 55g

Q778

水平《すいへい》なしまもようの地層《ちそう》が横《よこ》から強《つよ》い力《ちから》を受《う》けると、波《なみ》をうつように変形《へんけい》することがある。これを何《なん》という？

① 不整合《ふせいごう》　② 断層《だんそう》

③ しゅう曲《きょく》

④ 隆起《りゅうき》

Q779

星《ほし》をいくつかのまとまりに分《わ》け、さまざまなものに見立《みた》てて名前《なまえ》をつけたものを何《なん》という？

① 星団《せいだん》　② 銀河系《ぎんがけい》　③ 星座《せいざ》

Q780

乾電池《かんでんち》の電気《でんき》の流《なが》れは、何極《なにきょく》から何極《なにきょく》へ向《む》かう？

① ＋極《きょく》から－極《きょく》へ

② －極《きょく》から＋極《きょく》へ

③ 決《き》まりはない

Q781

セイヨウミツバチは、えさ場《ば》を見《み》つけたとき、ダンスをおどってなかまに知《し》らせる。○か×か？

セイヨウミツバチ

Q782

貝《かい》は体《からだ》のどこで呼吸《こきゅう》をしているのかな？

① えら　② 気管《きかん》

③ 肺《はい》　④ 皮《ひ》ふ

Q783

地球《ちきゅう》には衛星《えいせい》が1個《こ》あるけど、木星《もくせい》にはいくつの衛星《えいせい》がある？

① 1個《こ》　② 4個《こ》

③ 41個《こ》　④ 72個《こ》

Q784

水《みず》や空気《くうき》を熱《ねっ》すると、温度《おんど》の高《たか》くなった水《みず》や空気《くうき》は［Ⓐ］の方《ほう》へ動《うご》き、温度《おんど》の低《ひく》い水《みず》や空気《くうき》は［Ⓑ］の方《ほう》へ動《うご》く。ⒶとⒷに入《はい》る方向《ほうこう》は、それぞれ何《なに》？

98ページの答《こた》え

Q761 ③　Q762 ① マイクロ波《は》で水《みず》の分子《ぶんし》をふるわせ、こすり合《あ》わせて温《あたた》める。氷《こおり》の分子《ぶんし》はふるえにくいため、温《あたた》まりにくい。　Q763 ○…ペレーの毛《け》とよばれている。　Q764 ○…土星《どせい》の比重《ひじゅう》は0.7、水《みず》の比重《ひじゅう》は1だから浮《う》いてしまう。　Q765 ②　Q766 ○…北極星《ほっきょくせい》は、時間《じかん》がたってもほぼ同《おな》じ方角《ほうがく》の空《そら》に見《み》える。　Q767 ①　Q768 ② 静脈《じょうみゃく》の血液《けつえき》は二酸化炭素《にさんかたんそ》が多《おお》い。

マメ知識《ちしき》　Q784　水《みず》や空気《くうき》などを熱《ねっ》すると、上《うえ》や下《した》に動《うご》くことを「対流《たいりゅう》」というよ。

Q785

最大《さいだい》の目玉《めだま》を持《も》つ生《い》き物《もの》は、次《つぎ》のうちのどれ？

① ダイオウイカ
② マッコウクジラ
③ アフリカゾウ
④ キリン

Q786

植物《しょくぶつ》が、根《ね》で吸収《きゅうしゅう》した水《みず》や養分《ようぶん》を運《はこ》ぶ管《くだ》は？

① 気《き》こう
② 師管《しかん》
③ 道管《どうかん》

Q787

血液《けつえき》のなかで、細菌《さいきん》などの病原《びょうげん》体《たい》から体《からだ》を守《まも》る働《はたら》きをしているのは？

① 赤血球《せっけっきゅう》　② 白血球《はっけっきゅう》
③ 血小板《けっしょうばん》

Q788

科学者《かがくしゃ》の名前《なまえ》が単位名《たんいめい》になることは多《おお》い。次《つぎ》の人物《じんぶつ》のうち、単《たん》位《い》に名前《なまえ》を残《のこ》していないのは？

① ニュートン
② アンペール
③ アルキメデス
④ ファラデー

Q789

出入《でい》りの多《おお》いリアス式海岸《しきかいがん》はどんな働《はたら》きでできた？

① 波《なみ》にけずられてできた。
② 地球温暖化《ちきゅうおんだんか》で、海面《かいめん》が上昇《じょうしょう》した。
③ 海岸《かいがん》の山地《さんち》が、海面下《かいめんか》にしずんでできた。

Q790

ヒトの内臓《ないぞう》の十二指腸《じゅうにしちょう》の長《なが》さは、およそどれくらい？

① 指約《ゆびやく》5本分《ほんぶん》
② 指約《ゆびやく》12本分《ほんぶん》
③ 指約《ゆびやく》18本分《ぼんぶん》

Q791

ニワトリの卵《たまご》のからには、穴《あな》はない。○か×か？

Q792

コオロギやスズムシは、体《からだ》のどこを使《つか》って鳴《な》き声《ごえ》を出《だ》す？

① 口《くち》　② あし　③ 羽《はね》

Q793

記録《きろく》に残《のこ》る日本《にほん》の最低気温《さいていきおん》は、何《なん》℃？

① −25℃　② −35℃
③ −41℃

99ページの答《こた》え

Q769 ③ ①と②は回路《かいろ》がひと続《つづ》きになっていないよ。 Q770 Ⓐ…筋肉《きんにく》 Ⓑ…関節《かんせつ》 Q771 ③ 雨《あめ》の日《ひ》でも約《やく》30%の紫外線《しがいせん》が地《ち》上《じょう》に届《とど》く。 Q772 Ⓐ…川《かわ》 Ⓑ…扇《おうぎ》 Q773 ① 時速《じそく》170kmで飛《と》ぶ。 Q774 ×…ハムスターは約《やく》15日《にち》、ウマは約《やく》330日《にち》。 Q775 ① 重力《じゅうりょく》は引力《いんりょく》と遠心力《えんしんりょく》を合《あ》わせた力《ちから》のこと。赤道上《せきどうじょう》では、遠心力《えんしんりょく》が大《おお》きいので、重力《じゅうりょく》が小《ちい》さくなる。 Q776 ①

マメ知識《ちしき》　Q792のコオロギやスズムシは、おすしか鳴《な》かない。

100ページの答《こた》え

Q777 ③ Q778 ③ サンドイッチを横《よこ》からおしたときのように地層《ちそう》が曲《ま》がるよ。 Q779 ③ Q780 ① Q781 〇…ダンスにはいくつかのパターンがあり、それを使《つか》い分《わ》けて距離《きょり》や方向《ほうこう》を伝《つた》える。 Q782 ① えらの周《まわ》りにある水《みず》から、水中《すいちゅう》の酸素《さんそ》を取《と》り入《い》れている。 Q783 ④ ただし、今後《こんご》も衛星《えいせい》は見《み》つかる可能性《かのうせい》がある。 Q784 Ⓐ…上《うえ》 Ⓑ…下《した》

雲《くも》は、形《かたち》の特徴《とくちょう》によって、10種類《しゅるい》に分類《ぶんるい》されるんだ。A～Jの雲《くも》は、何《なん》という雲《くも》かな？ 下《した》から選《えら》んで答《こた》えよう。

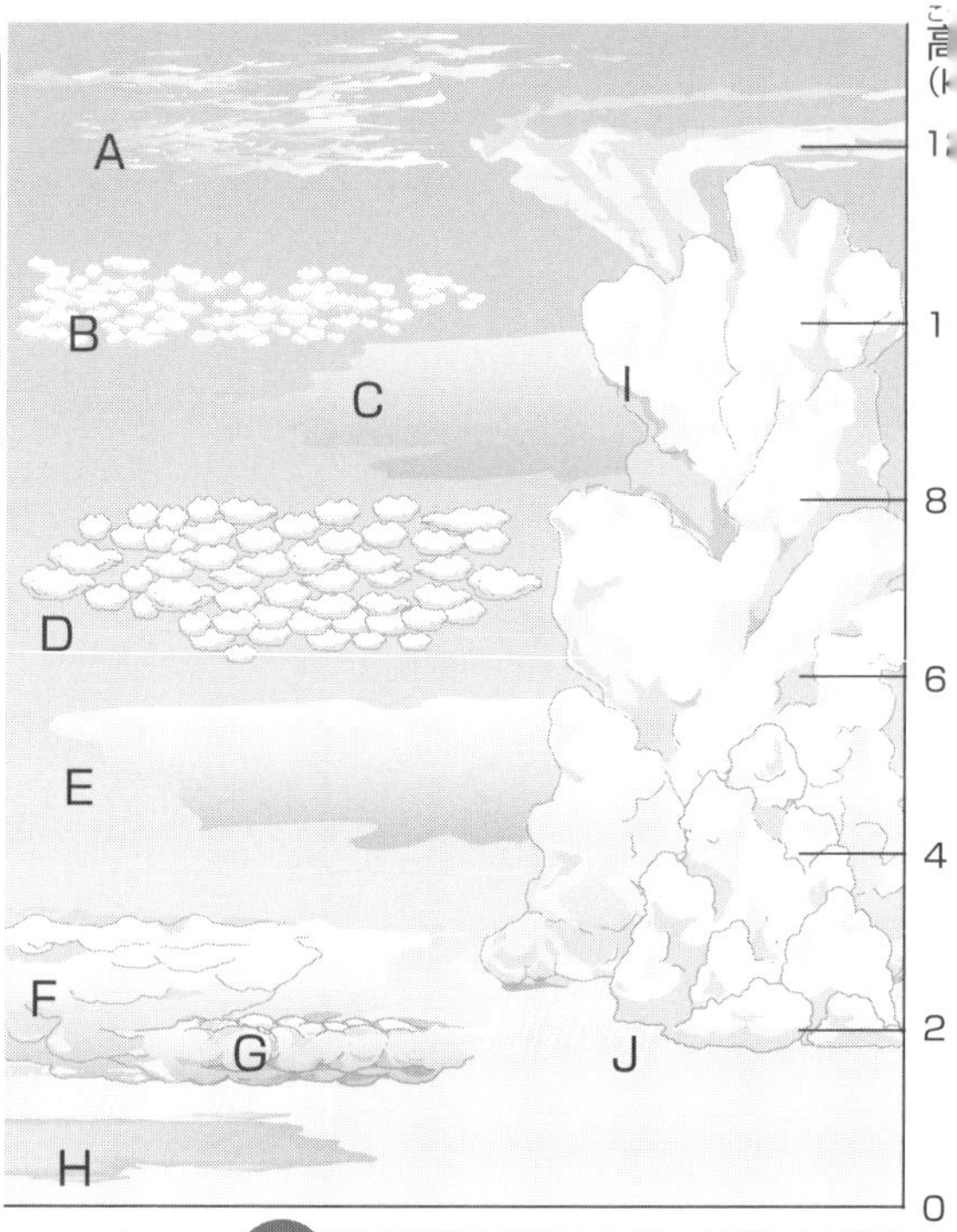

高層雲《こうそううん》	乱層雲《らんそううん》	巻積雲《けんせきうん》
積雲《せきうん》	層雲《そううん》	巻層雲《けんそううん》
層積雲《そうせきうん》	高積雲《こうせきうん》	積乱雲《せきらんうん》
巻雲《けんうん》		

Q794

Aは、うすく、はけではいたすじのように広《ひろ》がる雲《くも》だよ。

Q795

Bは、うろこのように細《こま》かいかたまりがたくさん集《あつ》まった雲《くも》。

Q796

Cは、うすくレース状《じょう》に広《ひろ》がる雲《くも》。

Q797

Dは、雲《くも》のかたまりが集《あつ》まってヒツジのむれのように見《み》える雲《くも》。

Q798

Eは、高《たか》い空全体《そらぜんたい》にやや厚《あつ》く、ベールのように広《ひろ》がった雲《くも》。

Q799

Fは、太陽《たいよう》をかくすほど厚《あつ》い雲《くも》。

Q800

Gは、暗《くら》い灰色《はいいろ》の雲《くも》のかたまりが、層状《そうじょう》に積《つ》み重《かさ》なって広《ひろ》がる雲《くも》。

マメ知識《ちしき》 雲《くも》は、できる高《たか》さがほぼ決《き》まっている層状雲《そうじょううん》と、高《たか》さがまちまちな対流雲《たいりゅううん》に分《わ》けられる。

Q801

Hは、山《やま》の中腹《ちゅうふく》などに発生《はっせい》する霧《きり》のような層状《そうじょう》の雲《くも》。

Q802

Iは、上空《じょうくう》に大《おお》きく発達《はったつ》した雲《くも》。入道雲《にゅうどうぐも》ともいうよ。

Q803

Jは、夏《なつ》の晴《は》れた日《ひ》に見《み》られる、高《たか》くぽっかり浮《う》かぶ雲《くも》。

Q804

液体《えきたい》を加熱《かねつ》するとき、急《きゅう》にふっとうするのを防《ふせ》ぐために入《い》れる、ものは？

① 御影石《みかげいし》
② 石灰石《せっかいせき》
③ ふっとう石《せき》

Q805

地球温暖化《ちきゅうおんだんか》のいちばんの原因《げんいん》となる大気中《たいきちゅう》の気体《きたい》は二酸化炭素《にさんかたんそ》。2番目《ばんめ》の原因《げんいん》となるのはどれ？

① メタンガス
② フロンガス
③ 亜酸化窒素《あさんかちっそ》

Q806

次《つぎ》のうちで、木《き》のしるを吸《す》うこん虫《ちゅう》はどれ？

① チョウ　② セミ　③ ハエ

Q807

兵庫県神戸市《ひょうごけんこうべし》にある、1秒間《びょうかん》に約《やく》44.2京回《けいかい》の計算性能《けいさんせいのう》をもつスーパーコンピュータの名前《なまえ》は？

① 京《けい》
② 富岳《ふがく》
③ 銀河《ぎんが》

Q808

南極大陸《なんきょくたいりく》の表面《ひょうめん》をおおう氷《こおり》の厚《あつ》さは、平均《へいきん》でどれくらい？

① 約《やく》100m
② 約《やく》1460m
③ 約《やく》2450m

Q809

モーターなどをどう線《せん》で乾電池《かんでんち》につなぎ、電気《でんき》の通《とお》り道《みち》をつくると、モーターなどに［Ⓐ］が流《なが》れる。この電気《でんき》の通《とお》り道《みち》を［Ⓑ］という。ⒶとⒷに入《はい》るのは？

101ページの答《こた》え

Q785 ① バスケットボールくらいの大《おお》きさだ。 Q786 ③ Q787 ② Q788 ③ ①はニュートン、②はアンペア、④はファラッドという単位《たんい》に名《な》を残《のこ》す。 Q789 ② Q790 ② 約《やく》30cmあり、指《ゆび》12本分《ほんぶん》の長《なが》さなので、この名《な》がついた。 Q791 ×…卵《たまご》のからには、空気《くうき》が通《とお》る小《ちい》さい穴《あな》があいているよ。 Q792 ③ Q793 ③ 1902年《ねん》に北海道旭川《ほっかいどうあさひかわ》で記録《きろく》。

マメ知識《ちしき》　Q805の地球温暖化《ちきゅうおんだんか》の原因《げんいん》となる気体《きたい》を、温室効果《おんしつこうか》ガスという。

Q810

自動《じどう》ドアのセンサーなどにはある電磁波《でんじは》が使《つか》われている。それは何《なに》？

① X線《エックスせん》　② ガンマ線《せん》
③ 紫外線《しがいせん》　④ 赤外線《せきがいせん》

Q811

おなかを上《うえ》にして泳《およ》ぐ魚《さかな》がいる。○か×か？

Q812

土星《どせい》には、帽子《ぼうし》のつばのような美《うつく》しい輪《わ》がある。これは何《なに》からできている？

① 氷《こおり》や岩《いわ》のかけら
② 土星《どせい》から吹《ふ》き上《あ》がったガス
③ うすい岩《いわ》の板《いた》

Q813

タコやイカは、頭《あたま》から足《あし》がはえている。○か×か？

Q814

固体《こたい》と気体《きたい》では、温度《おんど》が低《ひく》いほど、100gの水《みず》にとける限度《げんど》の量《りょう》が大《おお》きいのは？

① 固体《こたい》　② 気体《きたい》
③ どちらも同《おな》じ

Q815

ヒトのじん臓《ぞう》は血液中《けつえきちゅう》の不要物《ふようぶつ》をろ過《か》する働《はたら》きをしているよ。では、1日《にち》にどのくらいの血液《けつえき》をろ過《か》しているのかな？

① 1.5L
② 15L
③ 150L

Q816

同《おな》じ数《かず》の乾電池《かんでんち》で電流《でんりゅう》を流《なが》すとき、大《おお》きい電流《でんりゅう》が流《なが》れるのは？

① 直列《ちょくれつ》つなぎ　② 並列《へいれつ》つなぎ
③ どちらも変《か》わらない

Q817

では、電池《でんち》の寿命《じゅみょう》が長《なが》いのは、直列《ちょくれつ》つなぎ、並列《へいれつ》つなぎのどちら？

Q818

低気圧《ていきあつ》とは、どんな状態《じょうたい》のこと？正《ただ》しいものを2つ選《えら》ぼう。

① 空気《くうき》がこい状態《じょうたい》。
② 空気《くうき》がうすい状態《じょうたい》。
③ 雲《くも》ができやすくなって天気《てんき》が悪《わる》くなる。
④ 雲《くも》ができにくく、天気《てんき》がよくなる。

102ページの答《こた》え

Q794 巻雲《けんうん》　糸状《いとじょう》に広《ひろ》がり、陰影《いんえい》がない。「絹雲《けんうん》」「すじ雲《くも》」などとも呼《よ》ばれる。 Q795 巻積雲《けんせきうん》　「うろこ雲《くも》」や「いわし雲《くも》」などと呼《よ》ばれる。 Q796 巻層雲《けんそううん》 Q797 高積雲《こうせきうん》　その形状《けいじょう》から、「ひつじ雲《くも》」とも呼《よ》ばれる。 Q798 高層雲《こうそううん》 Q799 乱層雲《らんそううん》　雨《あめ》や雪《ゆき》をもたらす雲《くも》の多《おお》くはこれ。 Q800 層積雲《そうせきうん》　「くもり雲《くも》」とも呼《よ》び、くもり空《ぞら》で見《み》られるが、雨《あめ》や雪《ゆき》をもたらすことは少《すく》ない。

マメ知識《ちしき》　タコのすみには、敵《てき》から自分《じぶん》の身《み》をかくすえんまくと同《おな》じ役割《やくわり》がある。

105ページの答《こた》えは107ページ

Q819

「夏《なつ》の大三角《だいさんかく》」は、こと座《ざ》のベガ、わし座《ざ》のアルタイルと、何《なん》という星《ほし》を結《むす》んでできる？

① こいぬ座《ざ》のプロキオン
② おおいぬ座《ざ》のシリウス
③ はくちょう座《ざ》のデネブ

Q820

次《つぎ》の生《い》き物《もの》のうち、体《からだ》のどこにもうろこがないのは？

① ネズミ　② ウサギ
③ ニワトリ　④ コイ

Q821

水《みず》は、ふっとうしても加熱《かねつ》している間《あいだ》、温度《おんど》は上《あ》がり続《つづ》ける。○か×か？

Q822

発芽《はつが》するとき、子葉《しよう》が１枚《まい》出《で》る植物《しょくぶつ》は、次《つぎ》のどれ？

① ユリ　② サクラ　③ バラ

Q823

カツオやマグロなどの魚《さかな》は、季節《きせつ》によってえさを求《もと》めてすむ場所《ばしょ》を変《か》える。これを何《なん》という？

① 渡《わた》り　② 大移動《だいいどう》
③ 回遊《かいゆう》

カツオ

Q824

地球《ちきゅう》を包《つつ》む空気《くうき》などの気体《きたい》の層《そう》を［Ⓐ］といい、地面《じめん》１㎠にかかる［Ⓐ］の重《おも》さは、約《やく》［Ⓑ］kg。Ⓐ、Ⓑに入《はい》るのは、それぞれ何《なに》？

Q825

消化《しょうか》によって、食《た》べ物《もの》にふくまれる脂肪《しぼう》から最終的《さいしゅうてき》につくられるのはおもに何《なに》？

① グリセリン
② アミノ酸《さん》
③ ぶどう糖《とう》

Q826

かえったばかりのモンシロチョウの幼虫《ようちゅう》が最初《さいしょ》に食《た》べるのは？

① 葉《は》　② 花《はな》　③ 卵《たまご》のから

Q827

キリンとヒト、首《くび》の骨《ほね》（けい椎《つい》）の数《かず》は同《おな》じ。○か×か？

103ページの答《こた》え

Q801 層雲《そううん》　Q802 積乱雲《せきらんうん》　Q803 積雲《せきうん》　Q804 ③ 小《ちい》さな穴《あな》があいた素焼《すや》きのかけらなどが使《つか》われるよ。　Q805 ①　Q806 ② 幹《みき》に細長《ほそなが》い口《くち》を刺《さ》してしるを吸《す》うよ。　Q807 ② 1京《けい》は、1兆《ちょう》の1万倍《まんばい》。　Q808 ③ 南極大陸《なんきょくたいりく》の氷《こおり》を氷床《ひょうしょう》という。もっとも厚《あつ》いところは4000m以上《いじょう》になる。　Q809 Ⓐ…電流《でんりゅう》　Ⓑ…回路《かいろ》

マメ知識《ちしき》　Q822のように子葉《しよう》が１枚《まい》の植物《しょくぶつ》を単子葉類《たんしようるい》、２枚《まい》の植物《しょくぶつ》を双子葉類《そうしようるい》という。

106ページの答《こた》えは108ページ

106〜107ページは、さまざまな発明《はつめい》、発見《はっけん》を行《おこな》った人《ひと》についての問題《もんだい》だよ。それぞれの人物《じんぶつ》はだれなのか、右《みぎ》のリストから選《えら》んで答《こた》えてね。

Q828

スコットランドの技術者《ぎじゅつしゃ》。蒸気機関《じょうききかん》を改良《かいりょう》。世界《せかい》の産業《さんぎょう》を大《おお》きく変《か》えた。

Q829

モーターの原型《げんけい》を作《つく》り、電磁誘導《でんじゆうどう》を発見《はっけん》したイギリスの科《か》学者《がくしゃ》。

Q830

ウラン鉱石《こうせき》からラジウム、ポロニウムを発見《はっけん》。ノーベル賞《しょう》を2回受賞《かいじゅしょう》。

Q831

熱気球《ねっききゅう》を発明《はつめい》し、人類《じんるい》初《はつ》の有人飛行《ゆうじんひこう》を行《おこな》ったフランス人《じん》の兄弟《きょうだい》(兄《あに》)。

Q832

生物《せいぶつ》の進化《しんか》の謎《なぞ》を研究《けんきゅう》し、「種《しゅ》の起《き》源《げん》」を著《あらわ》したイギリスの学者《がくしゃ》。

Q833

「特殊相対性《とくしゅそうたいせい》理論《りろん》」「一般《いっぱん》相対性《そうたいせい》理論《りろん》」を唱《とな》えた、ドイツ出身《しゅっしん》の物理学者《ぶつりがくしゃ》。

104ページの答《こた》え

Q810 ④ Q811 ○…サカサナマズという魚《さかな》がいるよ。 Q812 ① Q813 ○…口《くち》(頭《あたま》)の周《まわ》りに足《あし》がある生《い》き物《もの》を頭足類《とうそくるい》というんだ。目《め》の上《うえ》の頭《あたま》のように見《み》えるところはおなかだよ。 Q814 ② Q815 ③ Q816 ① 直列《ちょくれつ》つなぎの方《ほう》が、電流《でんりゅう》が大《おお》きい分《ぶん》だけ、豆電球《まめでんきゅう》も明《あか》るくなるよ。 Q817 並列《へいれつ》つなぎ Q818 ②と③

マメ知識《ちしき》 Q828の蒸気機関《じょうききかん》の登場《とうじょう》による技術革新《ぎじゅつかくしん》や産業社会《さんぎょうしゃかい》の変革《へんかく》を、産業革命《さんぎょうかくめい》という。

107ページの答《こた》えは109ページ

リスト

①ライト兄弟《きょうだい》　②パスツール　③ダーウィン
④ワット　⑤キュリー　⑥ニュートン
⑦ファーブル　⑧フランクリン
⑨モンゴルフィエ兄弟《きょうだい》　⑩アインシュタイン
⑪ベル　⑫ファラデー

Q834

1903年《ねん》、人類初《じんるいはつ》の動《どう》力《りょく》飛行《ひこう》を成《せい》功《こう》させた、アメリカ人《じん》兄弟《きょうだい》(弟《おとうと》)。

Q837

さまざまな昆虫《こんちゅう》を観察《かんさつ》、研究《けんきゅう》し「昆虫《こんちゅう》記《き》」にまとめた、フランスの科学者《かがくしゃ》。

国立国会図書館所蔵

Q835

雷《かみなり》が電気《でんき》であることを突《つ》き止《と》め、避《ひ》雷針《らいしん》を発明《はつめい》した、アメリカの政治家《せいじか》。

Q838

細菌《さいきん》の研究《けんきゅう》や、狂犬病《きょうけんびょう》のワクチンを開発《かいはつ》したフランスの学者《がくしゃ》。

Q836

電話《でんわ》の発明《はつめい》で知《し》られる、スコットランド生《う》まれの科学者《かがくしゃ》、教育者《きょういくしゃ》。

Q839

万有引力《ばんゆういんりょく》の発見《はっけん》など、数々《かずかず》の偉大《いだい》な業績《ぎょうせき》を残《のこ》したイギリスの科学者《かがくしゃ》。

105ページの答《こた》え

Q819 ③ ちなみに、①と②とオリオン座《ざ》のベテルギウスを結《むす》んでできるのは「冬《ふゆ》の大三角《だいさんかく》」。 Q820 ② ネズミのなかまはしっぽにうろこを持《も》つものがいる。 Q821 ×…ふっとう中《ちゅう》は、熱《ねつ》し続《つづ》けても水《みず》の温度《おんど》は上《あ》がらない。 Q822 ① Q823 ③ Q824 Ⓐ…大気《たいき》 Ⓑ…1 Q825 ① ほかに脂肪酸《しぼうさん》もつくられる。 Q826 ③ Q827 ○…通常《つうじょう》、ほ乳類《にゅうるい》のけい椎《つい》の数《かず》は同《おな》じで、7個《こ》。

マメ知識《ちしき》　Q836の世界初《せかいはつ》の電話《でんわ》で伝《つた》えられた言葉《ことば》は、「ワトソンくん、来《き》てくれたまえ」だったという。

Q840

ヒトの消化管《しょうかかん》は、口《くち》から食道《しょくどう》、胃《い》、小腸《しょうちょう》、大腸《だいちょう》、こう門《もん》へとつながる。いちばん長《なが》い部分《ぶぶん》は次《つぎ》のうち、どれ？

① 食道《しょくどう》　② 胃《い》

③ 小腸《しょうちょう》　④ 大腸《だいちょう》

Q841

ドライアイスの白《しろ》いけむりは、二《に》酸化炭素《さんかたんそ》。○か×か？

Q842

曲《ま》がっている川《かわ》の流《なが》れの中《なか》で、もっとも流《なが》れが速《はや》いのはどこ？

① 内側《うちがわ》　② 真《ま》ん中《なか》　③ 外側《そとがわ》

Q843

地球《ちきゅう》を１周《しゅう》すると約何万《やくなんまん》kmかな？

① 約《やく》４万《まん》km

② 約《やく》10万《まん》km

③ 約《やく》15万《まん》km

Q844

地球《ちきゅう》の中緯度地方《ちゅういどちほう》の、地上《ちじょう》10km前後《ぜんご》の上空《じょうくう》でふく、強《つよ》い風《かぜ》を何《なん》という？

① 貿易風《ぼうえきふう》　② 極偏東風《きょくへんとうふう》

③ 偏西風《へんせいふう》　④ ジェット気流《きりゅう》

Q845

けんび鏡《きょう》の接眼《せつがん》レンズをのぞいたら、見《み》たいものが左下《ひだりした》に見《み》えた。中央《ちゅうおう》に移動《いどう》するには、プレパラートをどっちへ動《うご》かせばいい？

① 右上《みぎうえ》　② 右下《みぎした》

③ 左上《ひだりうえ》　④ 左下《ひだりした》

Q846

川《かわ》の流《なが》れが速《はや》く、川《かわ》の両岸《りょうがん》が切《き》り立《た》ったがけになっていることが多《おお》いのは、次《つぎ》のうち、どの辺《あた》り？

① 上流《じょうりゅう》　② 中流《ちゅうりゅう》　③ 下流《かりゅう》

Q847

ウニの口《くち》は、体《からだ》のどこにある？

① 上《うえ》　② 下《した》　③ 口《くち》はない

Q848

ピーマンは熟《じゅく》すと、何色《なにいろ》になる？

① こい緑《みどり》　② 赤《あか》　③ 紫《むらさき》

Q849

1054年《ねん》、太陽《たいよう》の約《やく》10倍《ばい》もある大《おお》きさの星《ほし》が爆発《ばくはつ》し、あとにはガスが残《のこ》された。それは現在《げんざい》、何《なん》とよばれている？

① 天《あま》の川《がわ》　② かに星雲《せいうん》

③ リング星雲《せいうん》

④ アンドロメダ銀河《ぎんが》

106ページ 答《こた》え

Q828 ④　Q829 ⑫　Q830 ⑤ 1903年《ねん》に、夫《おっと》のピエール・キュリーと夫婦《ふうふ》でノーベル物理《ぶつり》学賞《がくしょう》を受賞《じゅしょう》。1911年《ねん》にはノーベル化《か》学賞《がくしょう》を受賞《じゅしょう》。　Q831 ⑨ ストーブの熱《ねつ》で温《あたた》められた空気《くうき》が、紙《かみ》ぶくろを浮《う》き上《あ》がらせるのをヒントに熱気球《ねつききゅう》を発明《はつめい》。　Q832 ③　Q833 ⑩ 時間《じかん》と空間《くうかん》は、見《み》る立場《たちば》によってちがってくるが、光《ひかり》の速度《そくど》は一定《いってい》であることを唱《とな》えた。

マメ知識《ちしき》　Q847のウニには、伸《の》び縮《ちぢ》みする管足《かんそく》がたくさんあり、先《さき》に吸盤《きゅうばん》がついている。

Q850

あたたかい海《うみ》で見《み》られるサンゴ。どのように栄養《えいよう》を得《え》ている？

① 自分《じぶん》で光合成《こうごうせい》して得《え》ている。

② 体《からだ》にすまわせたプランクトンから栄養《えいよう》をもらっている。

③ 栄養《えいよう》は得《え》ていない。

サンゴしょう

Q851

燃料電池《ねんりょうでんち》は、Ⓐと酸素《さんそ》を化学《かがく》的《てき》に反応《はんのう》させると、Ⓑと熱《ねつ》と水《みず》が発生《はっせい》する性質《せいしつ》を利用《りよう》している。ⒶとⒷに入《はい》るのは？

Q852

ロケットを打《う》ち上《あ》げる方角《ほうがく》は、東《ひがし》と決《き》まっている。○か×か？

Q853

南極上空《なんきょくじょうくう》のオゾン層《そう》で、オゾンの濃度《のうど》が、周《まわ》りと比《くら》べてうすくなる現象《げんしょう》は何《なに》？

① オゾンホール

② フロンホール

③ 紫外線《しがいせん》ホール

Q854

コケ植物《しょくぶつ》は、葉《は》や茎《くき》、根《ね》の区別《くべつ》がなく、体《からだ》の表面《ひょうめん》から水《みず》を吸収《きゅうしゅう》している。○か×か？

Q855

太陽系《たいようけい》の惑星《わくせい》には、土星《どせい》や天王星《てんのうせい》以外《いがい》にも、輪《わ》を持《も》つ天体《てんたい》がある。それは次《つぎ》のうちのどれ？

① 金星《きんせい》　② 水星《すいせい》　③ 木星《もくせい》

Q856

100gの水《みず》に25gの食塩《しょくえん》をとかすと、食塩水《しょくえんすい》の重《おも》さはⒶg、こさはⒷ%。ⒶとⒷに入《はい》るのは？

Q857

東西南北《とうざいなんぼく》の空《そら》のうち、星《ほし》が円《えん》をえがくように動《うご》いて見《み》える方角《ほうがく》がある。それはどの方角《ほうがく》？

① 東《ひがし》　② 西《にし》　③ 南《みなみ》　④ 北《きた》

Q858

北半球《きたはんきゅう》では、風《かぜ》は高気圧《こうきあつ》の中心《ちゅうしん》から、どっち回《まわ》りに吹《ふ》き出《だ》す？

① 右回《みぎまわ》り（時計回《とけいまわ》り）

② 左回《ひだりまわ》り（反時計回《はんとけいまわ》り）

③ 決《き》まりはない

107ページの答《こた》え

Q834 ① ライト兄弟《きょうだい》の初飛行《はつひこう》は、高《たか》さ3m、距離《きょり》36m、時間《じかん》は12秒《びょう》だったという。 Q835 ⑧ Q836 ⑪ ベルは補聴器《ほちょうき》の改良《かいりょう》なども行《おこな》っている。 Q837 ⑦ Q838 ② 牛乳《ぎゅうにゅう》などに使用《しよう》される「低温殺菌法《ていおんさっきんほう》」は、パスツールの名前《なまえ》から「パスツリゼーション」と呼《よ》ばれる。 Q839 ⑥ ニュートンは木《き》からリンゴが落《お》ちるのを見《み》て、万有引力《ばんゆういんりょく》を発見《はっけん》したという逸話《いつわ》がある。

110ページの答《こた》えは112ページ

Q859

次《つぎ》のうち、豆《まめ》電球《でんきゅう》がもっとも明《あか》るくつくのはどれ？

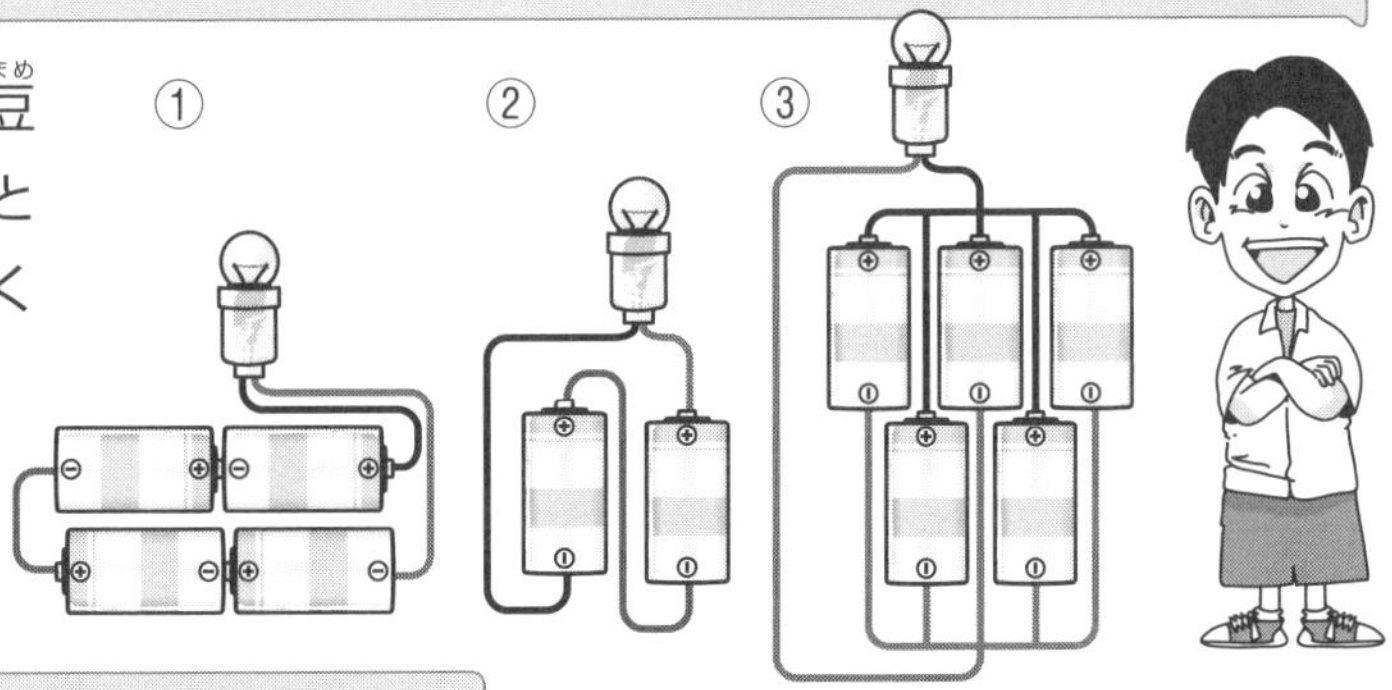

Q860

Q859の図《ず》で、かん電池《でんち》がもっとも長持《ながも》ちするのはどれ？

Q861

水《みず》を入《い》れたペットボトルの側面《そくめん》に縦《たて》1列《れつ》にきりで同《おな》じ大《おお》きさの穴《あな》をあけたとき、もっとも勢《いきお》いよく水《みず》をふき出《だ》す穴《あな》はどれ？

① いちばん上《うえ》の穴《あな》
② いちばん下《した》の穴《あな》
③ どれも同《おな》じ

Q862

葉《は》などの細胞《さいぼう》の中《なか》にある、栄養《えいよう》分《ぶん》を作《つく》るための、緑色《みどりいろ》のつぶは？

① 葉緑体《ようりょくたい》　② 葉脈《ようみゃく》　③ 緑粒《りょくりゅう》

Q863

食塩《しょくえん》が限界《げんかい》までとけた食塩水《しょくえんすい》に、砂糖《さとう》を入《い》れてかきまぜると、砂《さ》糖《とう》はとける。○か×か？

Q864

天気予報《てんきよほう》に使《つか》われる地域気象観《ちいききしょうかん》測《そく》システム「アメダス」の説明《せつめい》で、まちがっているのはどれ？

① 人工衛星《じんこうえいせい》で、雨雲《あまぐも》の変化《へんか》を観測《かんそく》している。
② 雨量《うりょう》や気温《きおん》、風向《かざむ》きなどを観測《かんそく》している。
③ 気象《きしょう》データは自動的《じどうてき》に集《あつ》められている。

Q865

ヘビの卵《たまご》は、かたいからに包《つつ》まれている。○か×か？

Q866

海《うみ》は、浅《あさ》い場所《ばしょ》から1万《まん》mをこす深《ふか》い場所《ばしょ》まであるけど、海《うみ》の深《ふか》さを平均《へいきん》するとどれくらいになる？

① 約《やく》500m　② 約《やく》1600m
③ 約《やく》3800m　④ 約《やく》5100m

108ページの答《こた》え

Q840 ③　Q841 ×…気体《きたい》の二酸化炭素《にさんかたんそ》は無色透明《むしょくとうめい》。白《しろ》いけむりは、ドライアイスによって冷《ひ》やされて水蒸気《すいじょうき》が水滴《すいてき》になったものだよ。　Q842 ③　Q843 ① 赤道《せきどう》の周《まわ》りの距離《きょり》だよ。　Q844 ④ 秒速《びょうそく》100mをこえることもある強《つよ》い風《かぜ》だ。　Q845 ④ プレパラートは動《うご》かしたい向《む》きと反対《はんたい》に動《うご》かす。　Q846 ①　Q847 ② こう門《もん》は上《うえ》にあるよ。　Q848 ②　Q849 ②

マメ知識《ちしき》 Q863の食塩《しょくえん》が水《みず》にとけると、ナトリウムイオンと塩素《えんそ》イオンにわかれるよ。

111ページの答《こた》えは113ページ

Q867

アメリカザリガニやブラックバスなど、海外《かいがい》から持《も》ちこまれ、日本《にほん》で生息《せいそく》する生物《せいぶつ》を何《なん》という？

① 来日生物《らいにちせいぶつ》　② 外来生物《がいらいせいぶつ》
③ 異化生物《いかせいぶつ》

アメリカザリガニ

Q868

宇宙《うちゅう》が始《はじ》まったころの光《ひかり》が、現在《げんざい》、地球《ちきゅう》に届《とど》いている。○か×か？

Q869

食《た》べ物《もの》にふくまれるタンパク質《しつ》から、消化《しょうか》によって最終的《さいしゅうてき》につくられるのは？

① グリセリン　② アミノ酸《さん》
③ ぶどう糖《とう》

Q870

晴《は》れた日《ひ》に1日《にち》のうちでいちばん気温《きおん》が高《たか》くなるのは、何時《なんじ》ごろ？

① 午前《ごぜん》11時《じ》ごろ　② 正午《しょうご》ごろ
③ 午後《ごご》2時《じ》ごろ

Q871

熱《あつ》いやかんに手《て》がふれたとき、思《おも》わず手《て》を引《ひ》っこめる行動《こうどう》を何《なん》という？

① 反応《はんのう》　② 反射《はんしゃ》
③ 適応《てきおう》　④ 順応《じゅんのう》

Q872

次《つぎ》の水溶液《すいようえき》のうち、アルカリ性《せい》の水溶液《すいようえき》はどれ？

① 炭酸水《たんさんすい》　② 砂糖水《さとうみず》
③ 重《じゅう》そう水《すい》

Q873

水道《すいどう》から水《みず》を細《ほそ》く出《だ》し、ティッシュペーパーでこすったストローを近《ちか》づけると、水《みず》はどうなる？

① ストローに引《ひ》きよせられる。
② ストロー手前《てまえ》で弾《はじ》ける。
③ 何《なに》も起《お》こらない。

Q874

過酸化水素水《かさんかすいそすい》に二酸化《にさんか》マンガンを入《い》れたときに発生《はっせい》する気体《きたい》は？

① 酸素《さんそ》
② 二酸化炭素《にさんかたんそ》
③ 水素《すいそ》
④ ちっ素《そ》

109ページの答《こた》え

Q850 ② サンゴは動物《どうぶつ》。光合成《こうごうせい》はしていないよ。 Q851 Ⓐ…水素《すいそ》 Ⓑ…電気《でんき》 水《みず》の電気《でんき》分解《ぶんかい》の逆《ぎゃく》を行《おこな》う。 Q852 ×…投入《とうにゅう》軌道《きどう》によっては南《みなみ》のこともある。 Q853 ① Q854 ○…根《ね》がないので、体《からだ》の表面《ひょうめん》から水《みず》を吸収《きゅうしゅう》している。 Q855 ③ 海王星《かいおうせい》にも輪《わ》があるよ。 Q856 Ⓐ…125 Ⓑ…20 Q857 ④ Q858 ① 南半球《みなみはんきゅう》では、左回《ひだりまわ》り。

マメ知識《ちしき》 Q867のアメリカザリガニは、1927年《ねん》に食用《しょくよう》ガエルのエサとしてアメリカから移入《いにゅう》された。

112ページの答《こた》えは114ページ

Q875

体内受精《たいないじゅせい》して、子《こ》どもを生《う》む魚《さかな》がいる。○か×か？

Q876

固体《こたい》と気体《きたい》では、温度《おんど》が高《たか》いほど、100gの水《みず》にとける限度《げんど》の量《りょう》が大《おお》きいのは？

① 固体《こたい》　② 気体《きたい》

③ どちらも同《おな》じ

Q877

1923年《ねん》9月《がつ》に発生《はっせい》した関東大震災《かんとうだいしんさい》。この地震《じしん》の影響《えいきょう》で、土地《とち》の高《たか》さが1m以上《いじょう》も高《たか》くなった場所《ばしょ》がある。○か×か？

Q878

血液《けつえき》は、液体《えきたい》の血《けっ》しょうが55%をしめている。では、赤血球《せっけっきゅう》はどれぐらいある？

① 43.2%　② 20.4%

③ 4.9%　④ 0.1%

Q879

川《かわ》の流《なが》れで運《はこ》ばれた土砂《どしゃ》や石《いし》は、海《うみ》に流《なが》れこむまでに、どうなる？

① とけてなくなる。

② 細《こま》かくなっていく。

③ くっついて大《おお》きくなる。

Q880

ナマケモノについて、まちがっているのはどれ？

① 地上《ちじょう》に降《お》りることはない。

② 泳《およ》ぎがとてもうまい。

③ 木《き》にぶら下《さ》がったまま寝《ね》る。

ナマケモノ

Q881

ヒトの体《からだ》の中《なか》で、いちばんかたいのはどこ？

① 頭骨《とうこつ》　② 歯《は》　③ 背骨《せぼね》

Q882

シダ植物《しょくぶつ》は胞子《ほうし》が発芽《はつが》してふえる。胞子《ほうし》が出《で》るところを何《なん》という？

① 胞子《ほうし》のう　② 胞子体《ほうしたい》

③ 前葉体《ぜんようたい》

Q883

次《つぎ》のうち、消化液《しょうかえき》ではないのはどれ？

① だ液《えき》　② 胃液《いえき》

③ 腸液《ちょうえき》　④ 血液《けつえき》

110ページの答《こた》え

Q859 ① 電池《でんち》4つの直列《ちょくれつ》つなぎで電流《でんりゅう》が大《おお》きくなる。 Q860 ③ Q861 ② Q862 ① Q863 ○…食塩《しょくえん》はととないが、砂《さ》糖《とう》ならとける。 Q864 ① アメダスの観測所《かんそくじょ》は、全国約《ぜんこくやく》1300か所《しょ》にある。人工衛星《じんこうえいせい》ではない。 Q865 ×…は虫類《ちゅうるい》のなかでもヘビやトカゲの卵《たまご》は、白《しろ》くてやわらかいからに包《つつ》まれているよ。 Q866 ③ 富士山《ふじさん》の高《たか》さとだいたい同《おな》じくらいの深《ふか》さだ。

マメ知識《ちしき》 Q877の関東大震災《かんとうだいしんさい》を引《ひ》き起《お》こした大正関東地震《たいしょうかんとうじしん》の規模《きぼ》はマグニチュード7.9だった。

113ページの答《こた》えは115ページ

Q884

1日《にち》の最高気温《さいこうきおん》が25℃以上《いじょう》の日《ひ》を何《なん》という？

① 夏日《なつび》
② 真夏日《まなつび》
③ 猛暑日《もうしょび》

Q885

では、1日《にち》の最高気温《さいこうきおん》が0℃未満《みまん》の日《ひ》を何《なん》という？

① 冬日《ふゆび》
② 真冬日《まふゆび》
③ 酷寒日《こっかんび》

Q886

ヒトの耳《みみ》には、耳《みみ》たぶ(耳介《じかい》)がある。次《つぎ》の生《い》き物《もの》のうち、耳《みみ》たぶのある生《い》き物《もの》は？

① アザラシ　② アシカ
③ セイウチ

Q887

心臓《しんぞう》から全身《ぜんしん》に送《おく》り出《だ》される血液《けつえき》が、まず流《なが》れる血管《けっかん》の名前《なまえ》は？

① 動脈《どうみゃく》　② 静脈《じょうみゃく》　③ 毛細血管《もうさいけっかん》

Q888

サメやエイのなかまの一部《いちぶ》は、泳《およ》ぎながらねむる。○か×か？

Q889

植物《しょくぶつ》の受粉《じゅふん》で、スギの花粉《かふん》は何《なに》に運《はこ》ばれる？

① 水《みず》　② 風《かぜ》
③ こん虫《ちゅう》　④ コウモリ

Q890

ヒカリゴケは自《みずか》ら光《ひか》らないのに、光《ひか》ってみえるのはなぜ？

① 外《そと》からの光《ひかり》がはね返《かえ》ってきて目《め》に入《はい》るから
② 目《め》からは弱《よわ》い光《ひかり》が出《で》ているから
③ 中《なか》にすむ虫《むし》が光《ひかり》を出《だ》すから

Q891

右《みぎ》は、水《みず》にとけやすくて、空気《くうき》より重《おも》い気体《きたい》を集気《しゅうき》びんの中《なか》に空気《くうき》と置《お》きかえて集《あつ》める方法《ほうほう》だよ。これを何《なん》という？

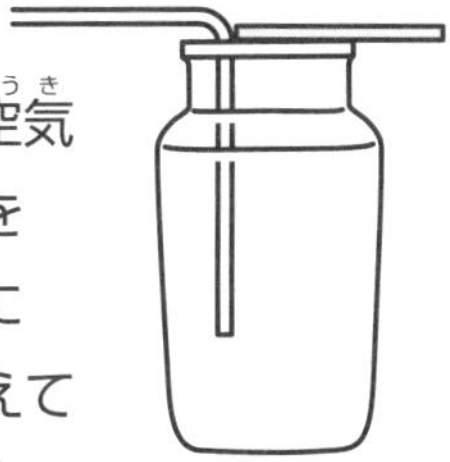

Q892

では、上《うえ》の方法《ほうほう》で集《あつ》める気体《きたい》は、次《つぎ》のうちのどれ？

① 酸素《さんそ》　② 水素《すいそ》
③ アンモニア
④ 二酸化炭素《にさんかたんそ》

111ページの答《こた》え

Q867 ②　Q868 ○…1992年《ねん》、1965年《ねん》に観測《かんそく》されていた電波《でんぱ》が、宇宙《うちゅう》が誕生《たんじょう》したころの光《ひかり》が、地球《ちきゅう》に届《とど》いていたものだとわかった。
Q869 ②　Q870 ③ 太陽《たいよう》の光《ひかり》でまず地面《じめん》が温《あたた》められ、地面《じめん》の熱《ねつ》が空気《くうき》に伝《つた》わるので、午後《ご ご》2時《じ》ごろの気温《きおん》が最高《さいこう》になるよ。
Q871 ②　Q872 ③　Q873 ① ストローが帯《お》びた静電気《せいでんき》で、水《みず》が引《ひ》きよせられる。　Q874 ①

マメ知識《ちしき》　Q889の受粉《じゅふん》で、ツバキの花粉《かふん》は鳥《とり》やこん虫《ちゅう》が運《はこ》ぶよ。

114〜115ページは
しりとりクイズだよ。
カタカナで答《こた》えよう！

Q893

アメリカが1961年《ねん》から1975年《ねん》にかけて行《おこな》った月探《つきたん》査《さ》計画《けいかく》を何計画《なにけいかく》という？

Q894

この動物《どうぶつ》のなかまで、体長《たいちょう》がおよそ4m以下《いか》のものをイルカという。

Q895

ペルー沖《おき》から太平洋《たいへいよう》の中央部《ちゅうおうぶ》まで、赤道近《せきどうちか》くの海面《かいめん》の水温《すいおん》が、平年《へいねん》より、半年《はんとし》から１年半《ねんはん》ほど低《ひく》いままになる現象《げんしょう》。

Q896

花粉《かふん》が入《はい》っているふくろ。

Q897

シャーシャーシャーと鳴《な》く、体長《たいちょう》45mm前後《ぜんご》の大型《おおがた》のセミ。

Q898

ミノガというガの幼虫《ようちゅう》。

Q899

味《あじ》を感《かん》じる器官《きかん》。

ア	？	ロ	
ケ	？	カ	ク

↓

ク	？	ラ

↓

ラ	？	？	ニ	ャ

↓

ヤ	？

↓

？	マ	ゼ	？

↓

ミ	ノ	？	？

↓

シ	？

112ページの答《こた》え

Q875 ○…ウミタナゴやイトマキエイなどの魚《さかな》は、子《こ》どもが腹《はら》の中《なか》でふかする。 Q876 ① Q877 ○…神奈川県《かながわけん》の江《え》ノ《の》島《しま》辺《あた》りの土地《とち》で1m以《い》上高《じょうたか》くなった場所《ばしょ》がある。 Q878 ① ちなみに血小板《けっしょうばん》は4.9%、白血球《はっけっきゅう》は0.1%。 Q879 ② Q880 ① 一生《いっしょう》の大半《たいはん》を木《き》の上《うえ》で過《す》ごすけど、おしっこやウンチのときは木《き》から降《お》りるよ。 Q881 ② Q882 ① Q883 ④

マメ知識《ちしき》 Q893の月探査計画《つきたんさけいかく》では、人類初《じんるいはつ》の月面着陸《げつめんちゃくりく》をふくめ、6回《かい》、12人《にん》が着陸《ちゃくりく》に成功《せいこう》した。

Q900

台風《たいふう》が海岸部《かいがんぶ》を通過《つうか》するとき海《かい》面《めん》が高《たか》くなること。

Q901

おもに極地《きょくち》などで見《み》られる光《ひかり》のカーテン。

Q902

海面《かいめん》であおむけになって、食事《しょくじ》や子育《こそだ》てを行《おこな》うイタチのなかまは？

Q903

空《そら》から降《ふ》ってくる雨《あめ》や雪《ゆき》などの量《りょう》。

Q904

多《おお》くの魚《さかな》が持《も》つ器官《きかん》で、浮《う》いたりしずんだりするときに使《つか》う。

Q905

体《からだ》の内臓《ないぞう》を取《と》り囲《かこ》むように守《まも》っている骨《ほね》。あばら骨《ほね》ともいうよ。

Q906

植物《しょくぶつ》の茎《くき》や枝《えだ》を、ほかの植物《しょくぶつ》についでふやす方法《ほうほう》。

Q907

植物《しょくぶつ》の地下《ちか》の葉《は》や茎《くき》、根《ね》に養分《ようぶん》がたまってふくらんだ部分《ぶぶん》。

タ	？	シ	オ

↓

オ	ー	？	ラ

↓

ラ	ッ	？

↓

？	ウ	ス	イ
リ	ョ	？	

↓

？	キ	ブ	ク	？

↓

？	ッ	コ	？

↓

？	ギ	キ

↓

キ	？	？	？	ン

113ページの答《こた》え

Q884 ① 30℃以上《いじょう》が②、35℃以上《いじょう》が③。 Q885 ② ①の冬日《ふゆび》とは1日《にち》の最低気温《さいていきおん》が0℃未満《みまん》の日《ひ》。 Q886 ② Q887 ① Q888 ○…えらぶたがないので、泳《およ》いでいないとえらに水《みず》が入《はい》らず、ちっ息《そく》する。 Q889 ② Q890 ① Q891 下方置《かほうち》かん法《ほう》 Q892 ④ いちばん軽《かる》いのは水素《すいそ》、重《おも》いのは二酸化炭素《にさんかたんそ》。

マメ知識《ちしき》 Q901は、太陽《たいよう》の粒子《りゅうし》エネルギーが地球《ちきゅう》の大気中《たいきちゅう》の酸素《さんそ》やちっ素原子《そげんし》とぶつかって起《お》きる。

116ページの答《こた》えは118ページ

大《だい》たい骨《こつ》　けいつい　胸骨《きょうこつ》　さ骨《こつ》　頭骨《とうこつ》
ようつい　しつがい骨《こつ》　上腕骨《じょうわんこつ》　前腕骨《ぜんわんこつ》
けん甲骨《こうこつ》　下《か》たい骨《こつ》　ろっ骨《こつ》　骨《こつ》ばん

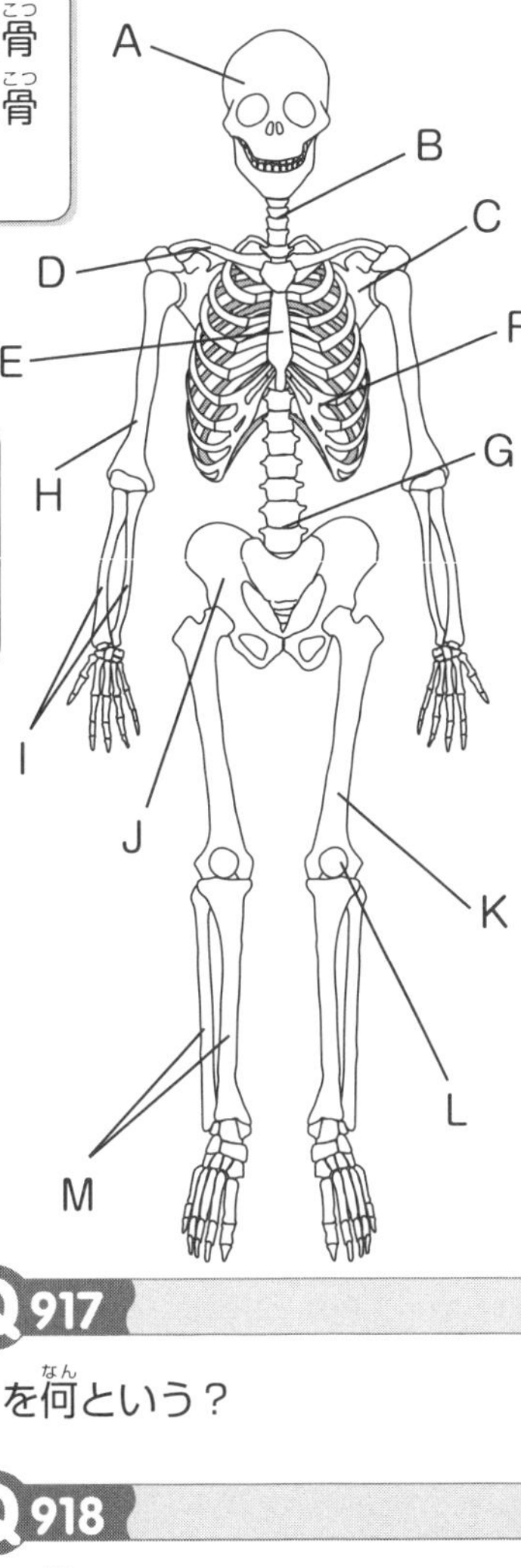

Q908

Aを何《なん》という？

Q909

Bを何《なん》という？

Q910

Cを何《なん》という？

Q911

Dを何《なん》という？

Q912

Eを何《なん》という？

Q913

Fを何《なん》という？

Q914

Gを何《なん》という？

Q915

Hを何《なん》という？

Q916

Ｉを何《なん》という？

Q917

Jを何《なん》という？

Q918

Kを何《なん》という？

Q919

Lを何《なん》という？

Q920

Mを何《なん》という？

114ページの答《こた》え

Q893 アポロケイカク　ケイカクは、「計画《けいかく》」。　Q894 クジラ　イルカとの区別《くべつ》は、分類上《ぶんるいじょう》では明確《めいかく》な定義《ていぎ》はないんだ。　Q895 ラニーニャ　Q896 ヤク　Q897 クマゼミ　大型《おおがた》のセミで午前中《ごぜんちゅう》によく鳴《な》く。　Q898 ミノムシ　木《き》の葉《は》や小枝《こえだ》をつづり合《あ》わせ、ふくろ状《じょう》の巣《す》を身《み》にまとっている。　Q899 シタ　漢字《かんじ》で書《か》くと「舌《した》」。

マメ知識《ちしき》　ひじやひざより先《さき》の骨《ほね》は２本《ほん》ある。これはひねる動《うご》きをするためだ。

117ページの答《こた》えは119ページ

Q921

こん虫《ちゅう》には血管《けっかん》がなく、血液《けつえき》は体内《たいない》を直接流《ちょくせつなが》れる。○か×か？

Q922

むれをなして泳《およ》ぐアジなどの魚《さかな》は水圧《すいあつ》などを感《かん》じ取《と》る器官《きかん》があるおかげで、ぶつからずに泳《およ》ぐことができる。その器官《きかん》とは？

① 側線《そくせん》　② えら　③ うろこ

Q923

川《かわ》の右側《みぎがわ》の岸《きし》を右岸《うがん》、左側《ひだりがわ》の岸《きし》を左岸《さがん》というけど、これは上流《じょうりゅう》、下流《かりゅう》のどちら側《がわ》から見《み》たいい方《かた》？

① 上流側《じょうりゅうがわ》
② 下流側《かりゅうがわ》
③ 自分《じぶん》が立《た》っている位置《いち》で変《か》わる

Q924

次《つぎ》のうち、気温《きおん》の測《はか》り方《かた》として、まちがっているのはどれ？

① 風通《かぜとお》しのよい場所《ばしょ》で測《はか》る。
② 地面《じめん》から1.2～1.5mの高《たか》さで測《はか》る。
③ 日光《にっこう》を温度計《おんどけい》に当《あ》てて測《はか》る。

Q925

リンゴにストローをつきさすには、どうすればつきさしやすい？

① ストローの口《くち》を指《ゆび》でふさいでさす
② ストローの先《さき》に細《こま》かい穴《あな》をあけてさす
③ ストローの口《くち》に切《き》れ目《め》を入《い》れてさす

Q926

海底《かいてい》をほって、地球《ちきゅう》の内部《ないぶ》を調《ちょう》査《さ》する日本《にほん》の船《ふね》の名前《なまえ》は？

① かいおう　② ちきゅう
③ しんかい

Q927

遺伝子《いでんし》のＤＮＡは、どんな構造《こうぞう》をしている？

① ２本《ほん》の並列構造《へいれつこうぞう》
② らせん構造《こうぞう》
③ 二重《にじゅう》らせん構造《こうぞう》

Q928

地球上《ちきゅうじょう》の大陸《たいりく》は、約《やく》２億年前《おくねんまえ》のひとつの大陸《たいりく》からわかれてできたと考《かんが》えられているよ。今《いま》でも大陸《たいりく》は動《うご》いている。○か×か？

115ページの答《こた》え

Q900 タカシオ　漢字《かんじ》で書《か》くと「高潮《たかしお》」。　Q901 オーロラ　Q902 ラッコ　Q903 コウスイリョウ　漢字《かんじ》で書《か》くと「降水量《こうすいりょう》」。
Q904 ウキブクロ　Q905 ロッコツ　漢字《かんじ》で書《か》くと「肋骨《ろっこつ》」。　Q906 ツギキ　漢字《かんじ》で書《か》くと「接《つ》ぎ木《き》」。同《おな》じ種類《しゅるい》か、近《ちか》い種類《しゅるい》で行《おこな》うよ。　Q907 キュウコン　漢字《かんじ》で書《か》くと「球根《きゅうこん》」。

マメ知識《ちしき》　Q923、堤防《ていぼう》に守《まも》られた部分《ぶぶん》を堤内地《ていないち》、川側《かわがわ》を堤外地《ていがいち》という。

Q929

古代《こだい》の数学者《すうがくしゃ》アリストテレスは、「じょうぶな長《なが》い棒《ぼう》と支点《してん》があれば、地球《ちきゅう》を動《うご》かせる」といったという。てこを使《つか》えば実際《じっさい》に地球《ちきゅう》を動《うご》かせる。○か×か？

アリストテレス

Q930

サイダーの中《なか》に、ブドウの実《み》をひとつぶ入《い》れると、どうなる？

① すぐに浮《う》いてくる。
② 浮《う》いたりしずんだりする。
③ しずんでしまう。

Q931

カマキリは、どんな姿《すがた》で冬《ふゆ》を過《す》ごす？

① 卵《たまご》　② 幼虫《ようちゅう》　③ 成虫《せいちゅう》

Q932

一《ひと》つの花《はな》に花《はな》びら、がく、めしべ、おしべがそろっているのは？

① アブラナ　② イネ
③ トウモロコシ

Q933

リンゴの本当《ほんとう》の実《み》の部分《ぶぶん》は、種子《しゅし》の周《まわ》りの「しん」の部分《ぶぶん》だ。○か×か？

Q934

重力《じゅうりょく》の影響《えいきょう》がほとんどない宇宙船《うちゅうせん》内《ない》では、水《みず》はどんな形《かたち》になる？

① 水蒸気《すいじょうき》になる。
② 横《よこ》に広《ひろ》がる。
③ 丸《まる》くなる。

Q935

植物《しょくぶつ》の寿命《じゅみょう》は、どんなに長《なが》くても500年程度《ねんていど》。○か×か？

Q936

Ⓐ にヨウ素《そ》をつけると、Ⓑ 色《いろ》になる。これを「ヨウ素《そ》 Ⓐ 反《はん》応《のう》」という。ⒶとⒷに入《はい》るのは、それぞれ何《なに》？

116ページの答《こた》え

Q908 頭骨《とうこつ》　頭《とう》がい骨《こつ》ともいう。　Q909 けいつい　Q910 けん甲骨《こうこつ》　三角形《さんかくけい》の骨《ほね》。　Q911 さ骨《こつ》　Q912 胸骨《きょうこつ》　Q913 ろっ骨《こつ》　Q914 ようつい　Q915 上腕骨《じょうわんこつ》　Q916 前腕骨《ぜんわんこつ》　Q917 骨《こつ》ばん　すりばち型《がた》で、8個《こ》の骨《ほね》からなり、内臓《ないぞう》を守《まも》っている。　Q918 大《だい》たい骨《こつ》　Q919 しつがい骨《こつ》　「ひざの皿《さら》」とも呼《よ》ばれているよ。　Q920 下《か》たい骨《こつ》

マメ知識《ちしき》　Q932の花《はな》びら、がく、めしべ、おしべを「花《はな》の４要素《ようそ》」という。

Q937

ウミホタルは危険《きけん》を感《かん》じると光《ひかり》を出《だ》す。どうやって、光《ひか》るのかな？

① 体内《たいない》で発電《はつでん》する電気《でんき》で光《ひか》る。

② 体内《たいない》にすむ光《ひかり》を出《だ》す微生物《びせいぶつ》を利用《りよう》して光《ひか》る。

③ 体内《たいない》でつくる発光物質《はっこうぶっしつ》を利用《りよう》して光《ひか》る。

Q938

こん虫《ちゅう》の小《ち》さな個眼《こがん》がたくさん集《あつ》まったものを何《なん》という？

① 集眼《しゅうがん》 ② 複眼《ふくがん》 ③ 色眼《しょくがん》

Q939

植物《しょくぶつ》が体内《たいない》の水《みず》を葉《は》から外《そと》に出《だ》しているとき、青色《あおいろ》の塩化《えんか》コバルト紙《し》をつけると、何色《なにいろ》に変《か》わる？

① 赤色《あかいろ》 ② 緑色《みどりいろ》 ③ 白色《しろいろ》

Q940

地層《ちそう》が連続《れんぞく》して平行《へいこう》にたい積《せき》する重《かさ》なり方《かた》を、何《なん》という？

① 連層《れんそう》 ② 整合《せいごう》 ③ 重層《じゅうそう》

Q941

土星《どせい》の衛星《えいせい》は、現在確認中《げんざいかくにんちゅう》のものをふくめると、いくつある？

① 20個以上《こいじょう》 ② 50個以上《こいじょう》

③ 80個以上《こいじょう》

Q942

北海道《ほっかいどう》で化石《かせき》が発見《はっけん》された恐竜《きょうりゅう》カムイサウルス・ジャポニクスの通称《つうしょう》は？

① モシリュウ ② トバリュウ

③ むかわ竜《りゅう》

Q943

次《つぎ》のうち、酸性《さんせい》の水溶液《すいようえき》はどれ？

① レモン汁《じる》

② 食塩水《しょくえんすい》

③ 石《せっ》けん水《すい》

Q944

スチールウール(鉄《てつ》)が燃《も》えるとき、光《ひかり》や熱《ねつ》とともに二酸化炭素《にさんかたんそ》が出《で》る。○か×か？

Q945

地球上《ちきゅうじょう》では、水《みず》と油《あぶら》はよくまぜても、まざらずに分離《ぶんり》するよね。これを重力《じゅうりょく》の影響《えいきょう》がほとんどない宇《う》宙船内《ちゅうせんない》でまぜるとどうなる？

① 水《みず》は下《した》、油《あぶら》は上《うえ》で分離《ぶんり》

② 水《みず》は上《うえ》、油《あぶら》は下《した》で分離《ぶんり》

③ まざりあう

117ページの答《こた》え

Q921 ○…血液《けつえき》は心臓《しんぞう》から頭《あたま》のある方《ほう》へ送《おく》られ、全身《ぜんしん》にいきわたるよ。 Q922 ① 体《からだ》の左右《さゆう》にある、ウロコに小《ちい》さな穴《あな》のあいた部分《ぶぶん》。 Q923 ① Q924 ③ 温度計《おんどけい》に直接日光《ちょくせつにっこう》が当《あ》たらないように、おおいなどをして測《はか》ろう。 Q925 ① ストローに閉《と》じこめられた空気《くうき》が、ストローを固《かた》くするんだ。 Q926 ② Q927 ③ Q928 ○…ほんの少《すこ》しずつ動《うご》いている。

マメ知識《ちしき》 Q938の目《め》は、頭部《とうぶ》の左右《さゆう》に1対《つい》あり、形《かたち》や色《いろ》を感《かん》じる。

120ページの答《こた》えは122ページ

Q946

Ⓐ は、川《かわ》の流《なが》れによって運《はこ》ばれた土砂《どしゃ》や石《いし》が、海《うみ》に流《なが》れこむところにたまり、Ⓑ 側《がわ》に広《ひろ》がってできた土地《とち》。デルタともいう。Ⓐ、Ⓑに入《はい》る言葉《ことば》は、それぞれ何《なに》？

Q947

火星《かせい》の大気《たいき》でいちばん多《おお》いのは、次《つぎ》のうちのどれ？

① 二酸化炭素《にさんかたんそ》　② 酸素《さんそ》

③ ちっ素《そ》　④ 塩素《えんそ》

Q948

水《みず》はふっとうさせなくても、蒸発《じょうはつ》する。○か×か？

Q949

タコに心臓《しんぞう》はいくつある？

① 1つ　② 2つ　③ 3つ

Q950

けんび鏡《きょう》は、ガラスのレンズで光《ひかり》を曲《ま》げて、大《おお》きく見《み》せる。では、電子《でんし》けんび鏡《きょう》は、光《ひかり》のかわりに何《なに》を使《つか》っている？

① 電子《でんし》ビーム

② 赤外線《せきがいせん》

③ レーザー光線《こうせん》

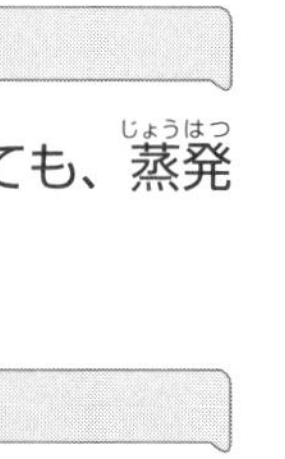

Q951

ホッキョクグマの毛《け》は、何色《なにいろ》をしている？

① 白《しろ》　② 灰色《はいいろ》　③ 透明《とうめい》

ホッキョクグマ

Q952

地球《ちきゅう》の赤道付近《せきどうふきん》は、音《おと》の速《はや》さよりも速《はや》く回《まわ》っている。○か×か？

Q953

こん虫《ちゅう》のカで、血《ち》を吸《す》うのは、おすとめすのどっち？

① おす　② めす

③ おすとめす、どちらも吸《す》う

Q954

下《した》のカードを正《ただ》しく並《なら》べて、オリオン座《ざ》にふくまれる赤《あか》い色《いろ》の一等《いっとう》星《せい》の名前《なまえ》を完成《かんせい》させよう！

ギ	テ	ウ
ベ	ス	ル

118ページ 答《こた》え

Q929 ×…実現不可能《じつげんふかのう》なほど大《おお》きな力《ちから》、または巨大《きょだい》なてこが必要《ひつよう》。 Q930 ② 実《み》の表面《ひょうめん》についたあわで浮《う》き上《あ》がり、あわが水面《すいめん》で空気中《くうきちゅう》ににげるとしずむをくり返《かえ》す。 Q931 ① Q932 ① Q933 ○…しんの周《まわ》りは、花床《かしょう》(花托《かたく》)という部分《ぶぶん》。 Q934 ③ 水《みず》の分子《ぶんし》どうしの引《ひ》き合《あ》う表面張力《ひょうめんちょうりょく》が働《はたら》いて、水《みず》は丸《まる》くなる。 Q935 × Q936 Ⓐ…でんぷん Ⓑ…紫《むらさき》

マメ知識《ちしき》 Q951のホッキョクグマの皮《ひ》ふは黒《くろ》いので、弱《よわ》い太陽光《たいようこう》でも吸収《きゅうしゅう》しやすい。

Q955

1969年《ねん》7月《がつ》20日《か》に、人類《じんるい》が月《げつ》面着陸《めんちゃくりく》を成功《せいこう》させてから、現在《げんざい》まで、何人《なんにん》の宇宙飛行士《うちゅうひこうし》が月面《げつめん》に降《お》り立《た》ったかな？

① 2人《り》　② 4人《にん》
③ 8人《にん》　④ 12人《にん》

月面《げつめん》で活動《かつどう》する宇宙飛行士《うちゅうひこうし》　©NASA

Q956

魚《さかな》のなかには、めすになったり、おすになったりするものがいる。次《つぎ》のうちのどれ？

① クマノミ
② サケ
③ メダカ　④ アユ

Q957

花《はな》が咲《さ》く植物《しょくぶつ》には、1つの花《はな》に必《かなら》ずおしべとめしべがある。○か×か？

Q958

地震《じしん》の規模《きぼ》を表《あらわ》すマグニチュード6と8とでは、地震《じしん》のエネルギーは何《なん》倍《ばい》ちがう？

① 約《やく》25倍《ばい》
② 約《やく》100倍《ばい》
③ 約《やく》1000倍《ばい》

Q959

水《みず》は気体《きたい》の水蒸気《すいじょうき》になると、どれくらい体積《たいせき》がふえる？

① 約《やく》17倍《ばい》　② 約《やく》170倍《ばい》
③ 約《やく》1700倍《ばい》

Q960

では、水蒸気《すいじょうき》は何色《なにいろ》？

① 白《しろ》　② 灰色《はいいろ》　③ 透明《とうめい》

Q961

「晴《は》れ一時《いちじ》くもり」とは、晴《は》れるけど、どうなる状態《じょうたい》？

① 午後《ごご》1時《じ》からくもりになる。
② 1日《にち》の4分《ぶん》の1未満《みまん》の時間《じかん》、くもっている。
③ 1日《にち》の10分《ぶん》の1未満《みまん》の時間《じかん》、くもっている。

Q962

鳥《とり》の祖先《そせん》とされる始祖鳥《しそちょう》のくちばしには、歯《は》がある。○か×か？

119ページの答《こた》え

Q937 ③ 体内《たいない》の物質《ぶっしつ》「ルシフェリン」「ルシフェラーゼ」が、海水中《かいすいちゅう》の酸素《さんそ》と反応《はんのう》すると発光《はっこう》する。 Q938 ② Q939 ① Q940 ② Q941 ③ Q942 ③ 化石産出地《かせきさんしゅつち》のむかわ町《ちょう》にちなんで名付《なづ》けられたよ。 Q943 ① Q944 × Q945 ③ 重力《じゅうりょく》の影響《えいきょう》がほとんどない宇宙船内《うちゅうせんない》では、水《みず》と油《あぶら》はまざると、分離《ぶんり》しなくなるんだ。

マメ知識《ちしき》 Q958の地震《じしん》の規模《きぼ》で、観測史上最大《かんそくしじょうさいだい》の地震《じしん》は1960年《ねん》のチリ地震《じしん》のマグニチュード9.5だ。

Q969	■	■	Q971	■	Q963 Q973	
Q964	Q970	■		■		■
Q965						Q975
Q967		■		■	■	
■	■	Q966 Q972		■	Q974	■
Q968						

122～123ページは、クロスワード問題《もんだい》だ。横《よこ》のカギ、縦《たて》のカギをヒントに、カタカナでクロスワードをうめていこう！

Q963

【横《よこ》のカギ】

互《たが》いに交配《こうはい》して子孫《しそん》を残《のこ》すことができる集《あつ》まり。生物《せいぶつ》を分類《ぶんるい》するときの、基本的《きほんてき》な単位《たんい》のことを○○という。ヒトの○○としての学名《がくめい》は「ホモ・サピエンス」。

Q964

【横《よこ》のカギ】

○○の正体《しょうたい》は、空気《くうき》のふるえ。糸《いと》電話《でんわ》は、○○が糸《いと》のふるえに変《か》わることで、伝《つた》わる。

Q965

【横《よこ》のカギ】

冬場《ふゆば》に流行《りゅうこう》する季節性《きせつせい》の「A型《がた》」や、世界的大流行《せかいてきだいりゅうこう》の「新型《しんがた》」などがある。○○○○○○○ウイルス。

Q966

【横《よこ》のカギ】

大陸棚《たいりくだな》または大陸斜面上《たいりくしゃめんじょう》にある谷《たに》は「海底《かいてい》○○」。川《かわ》の流《なが》れで浸食《しんしょく》されて生《しょう》じた谷《たに》は「河《か》○○」。はばがせまく、深《ふか》くけわしい谷《たに》は「峡《きょう》○○」。

120ページの答《こた》え

Q946 Ⓐ…三角州《さんかくす》 Ⓑ…海《うみ》 Q947 ① Q948 ○…せんたく物《もの》がかわくのも、少《すこ》しずつ蒸発《じょうはつ》するからだよ。 Q949 ③ 本来《ほんらい》の心臓《しんぞう》と、左右《さゆう》のえらに1つずつ。 Q950 ① Q951 ③ 毛《け》が透明《とうめい》だと太陽《たいよう》の光《ひかり》を直接《ちょくせつ》皮《ひ》ふに受《う》けて温《あたた》まりやすい。 Q952 ○…秒速《びょうそく》464mで回《まわ》っているよ。 Q953 ② おすは植物《しょくぶつ》のしるなどを吸《す》う。 Q954 ベテルギウス

マメ知識《ちしき》 Q963の「ホモ・サピエンス」とは、ラテン語《ご》で「知恵《ちえ》のある人《ひと》」という意味《いみ》だ。

123ページの答《こた》えは125ページ

Q967

【横《よこ》のカギ】

ロボットによるサッカーなどを通《つう》じて、ロボット工学《こうがく》を発展《はってん》させようという、世界《せかい》に広《ひろ》がるロボット競技会名《きょうぎかいめい》は「○○カップ」。

Q968

【横《よこ》のカギ】

地球《ちきゅう》の衛星軌道上《えいせいきどうじょう》にただよう、人《じん》工衛星《こうえいせい》などの宇宙《うちゅう》（スペース）のごみ。その数《かず》は宇宙開発《うちゅうかいはつ》でふえ続《つづ》け、事故《じこ》につながると、問題《もんだい》になっている。ごみのことをデブリともいうよ。

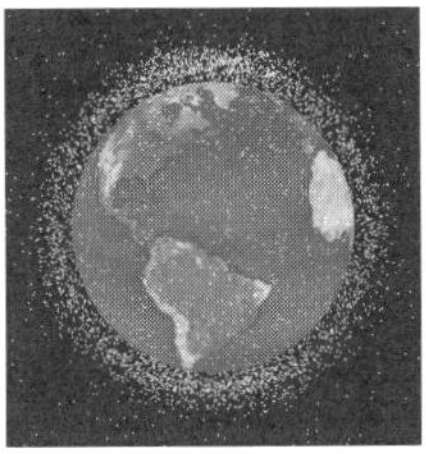

©NASA

Q969

【縦《たて》のカギ】

中村修二《なかむらしゅうじ》教授《きょうじゅ》が発明《はつめい》した○○○○発光《はっこう》ダイオードで、光《ひかり》の三原色《さんげんしょく》すべての発光《はっこう》ダイオードがそろった。

Q970

【縦《たて》のカギ】

「オニヤンマ」や「ギンヤンマ」「アキアカネ」などのこん虫《ちゅう》のなかまのこと。

Q971

【縦《たて》のカギ】

地球《ちきゅう》が太陽《たいよう》のまわりを回《まわ》っているという「地動説《ちどうせつ》」を唱《とな》えたポーランドの天文学者《てんもんがくしゃ》。

Q972

【縦《たて》のカギ】

１つのエネルギー源《げん》から、電気《でんき》と熱《ねつ》など、複数《ふくすう》のエネルギーを同時《どうじ》に取《と》り出《だ》す、○○ジェネレーションシステム。

Q973

【縦《たて》のカギ】

手足《てあし》の指《ゆび》の腹《はら》にある紋様《もんよう》。

Q974

【縦《たて》のカギ】

体《からだ》の表面《ひょうめん》に物《もの》がぶつかってできたはれやもり上《あ》がり。

Q975

【縦《たて》のカギ】

チワワとミニチュアダックスフントの間《あいだ》にできた、チワックスのようなかけ合《あ》わせの生《い》き物《もの》は○○種《しゅ》。

121ページの答《こた》え

Q955 ④ すべてアメリカの宇宙飛行士《うちゅうひこうし》。 Q956 ① カクレクマノミは、おすがめすになるよ。 Q957 ×…ヘチマなどは、お花《はな》におしべ、め花《ばな》にめしべが別《べつ》についている。 Q958 ③ 1ちがうと、地震《じしん》のエネルギーは31.6倍《ばい》になり、2ちがうと31.6×31.6＝約《やく》1000倍《ばい》になる。 Q959 ③ Q960 ③ 水蒸気《すいじょうき》は無色透明《むしょくとうめい》。 Q961 ② Q962 ○…今《いま》の鳥《とり》には歯《は》がないので、えさを丸飲《まるの》みする。

マメ知識《ちしき》 Q971の地動説《ちどうせつ》とは反対《はんたい》に、地球《ちきゅう》のまわりを太陽《たいよう》が回《まわ》るという考《かんが》えを「天動説《てんどうせつ》」という。

124ページの答《こた》えは126ページ

Q976

2021年《ねん》5月《がつ》までに、地球《ちきゅう》から宇宙《うちゅう》へ打《う》ち上《あ》げた探査機《たんさき》のうち、地球《ちきゅう》からもっとも離《はな》れたところにあるのは？

① カッシーニ

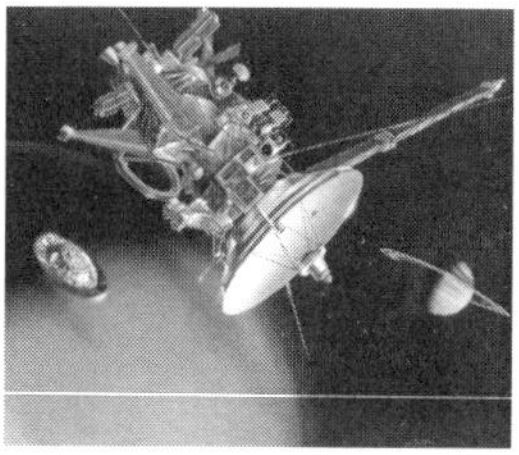

©NASA

② ガリレオ

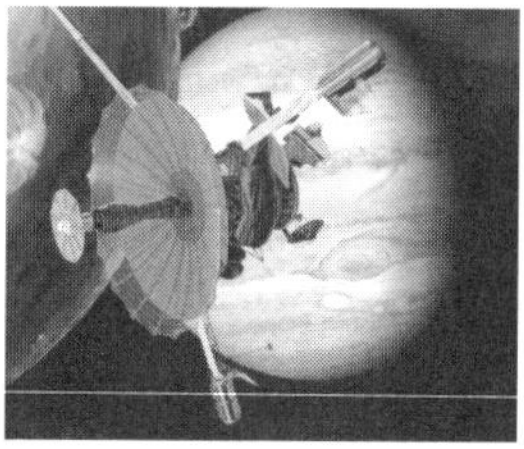

©NASA

③ ボイジャー1号《ごう》

©NASA

Q977

毒針《どくばり》をもつイソギンチャクをはさみにつけて、敵《てき》をおどすカニがいる。○か×か？

Q978

使《つか》い終《お》わった製品《せいひん》を原料《げんりょう》にして、再製品化《さいせいひんか》することを何《なん》という？

① リユース　② リサイクル

③ リデュース

Q979

水《みず》のいっぱい入《はい》ったコップに厚紙《あつがみ》でふたをし、厚紙《あつがみ》を手《て》でおさえながらコップを逆《さか》さにする。そして厚紙《あつがみ》のふたから手《て》をはなすと、どうなる？

① 水《みず》はこぼれない。

② 水《みず》は勢《いきお》いよくこぼれる。

③ 水《みず》がうずをまく。

Q980

カエルは肺《はい》のほか、皮《ひ》ふを使《つか》っても呼吸《こきゅう》している。○か×か？

Q981

女性《じょせい》の Ⓐ でつくられた卵子《らんし》が、Ⓐ から出《だ》されることを Ⓑ という。ⒶとⒷに入《はい》るのは、何《なに》？

Q982

冬《ふゆ》にシベリア方面《ほうめん》から吹《ふ》きつける寒冷《かんれい》な季節風《きせつふう》を○○季節風《きせつふう》という。○○に入《はい》る方位《ほうい》は何《なに》？

① 南東《なんとう》　② 北西《ほくせい》　③ 南西《なんせい》

Q983

コップに水《みず》を入《い》れてたたくと、水《みず》が多《おお》いほど、音《おと》はどうなる？

① 高《たか》くなる　② 低《ひく》くなる

③ 変《か》わらない

122ページの答《こた》え

Q963 シュ　漢字《かんじ》で書《か》くと「種《しゅ》」。生物《せいぶつ》の種《しゅ》は、500万《まん》～3000万《まん》以上《いじょう》あるといわれているよ。　Q964 オト　漢字《かんじ》で書《か》くと「音《おと》」。音《おと》が聞《き》こえるのは、空気《くうき》のふるえが耳《みみ》の中《なか》のこまくをふるわせ、それが電気信号《でんきしんごう》に置《お》きかえられて神経《しんけい》を伝《つた》わって脳《のう》で処理《しょり》されるから。　Q965 インフルエンザ　Q966 コク　漢字《かんじ》で書《か》くと「谷《こく》」。

マメ知識《ちしき》 Q976の探査機《たんさき》は地球《ちきゅう》から離《はな》れて宇宙《うちゅう》へ向《む》かう。一方《いっぽう》、人工衛星《じんこうえいせい》は主《おも》に地球《ちきゅう》の周《まわ》りを回《まわ》る。

Q984

アメリカの火星探査機《かせいたんさき》「フェニックス」の観測《かんそく》で、火星《かせい》にも地球《ちきゅう》と同《おな》じような水《みず》や氷《こおり》があることがわかった。○か×か？

Q985

次《つぎ》の3つのヒントは、月《つき》、太陽《たいよう》のどちらを説明《せつめい》したものかな？

ヒント①…東《ひがし》の方《ほう》からのぼって西《にし》にしずんでいく。

ヒント②…数日《すうじつ》ごとに、形《かたち》が変《か》わって見《み》える。

ヒント③…見《み》える時刻《じこく》は毎日《まいにち》同《おな》じではない。

Q986

マスクメロンのあみ目《め》もようは、果肉《かにく》が出《で》て固《かた》まったもの。○か×か？

Q987

コーヒーカップがテーブルの上《うえ》にのったまま静止《せいし》しているとき、抗《こう》力《りょく》と何《なに》がつり合《あ》っている？

① 合力《ごうりょく》
② まさつ力《りょく》
③ 重力《じゅうりょく》

Q988

南極《なんきょく》ではいん石《せき》が3万《まん》個《こ》以上《いじょう》見《み》つかっている。これはなぜ？

① 南極《なんきょく》に集中《しゅうちゅう》して降《ふ》るから
② 氷《こおり》の中《なか》で保存《ほぞん》されるから
③ 磁力《じりょく》がちがうから

Q989

人間《にんげん》よりも首《くび》の長《なが》いキリンは、低《てい》血圧《けつあつ》だ。○か×か？

Q990

花火《はなび》が開《ひら》くのが見《み》えてから、その音《おと》が聞《き》こえるまでの時間《じかん》が、3秒《びょう》かかったとき、花火《はなび》までの距離《きょり》は何《なん》m？

① 400～500m
② 1000～1100m
③ 1500～1600m
④ 2700～2800m

Q991

ゲンジボタルやヘイケボタルは、おすとめすのどちらが光《ひか》る？

① おす
② めす
③ おすとめすのどちらも光《ひか》る

123ページの答《こた》え

Q967 ロボ 「ロボカップ」の技術《ぎじゅつ》を人間社会《にんげんしゃかい》に役立《やくだ》てる目的《もくてき》とした国際計画《こくさいけいかく》。 Q968 スペースデブリ Q969 アオイロ 漢字《かんじ》で書《か》くと「青色《あおいろ》」。 Q970 トンボ Q971 コペルニクス Q972 コー コーは「いっしょに」、ジェネレーションは「(エネルギーなどの)発生《はっせい》」という意味《いみ》。 Q973 シモン 漢字《かんじ》で書《か》くと「指紋《しもん》」。 Q974 コブ Q975 ザッ 漢字《かんじ》で書《か》くと「雑《ざつ》」。

マメ知識《ちしき》 Q988の南極《なんきょく》は地球上《ちきゅうじょう》でもっとも多《おお》くいん石《せき》が採集《さいしゅう》される地域《ちいき》といわれる。

124ページの答《こた》え

Q976 ③ 1977年《ねん》に打《う》ち上《あ》げられ、現在《げんざい》は太陽系《たいようけい》を脱出《だっしゅつ》した宇宙空間《うちゅうくうかん》を飛行中《ひこうちゅう》。 Q977 ○…キンチャクガニは、毒《どく》を持《も》つイソギンチャクをはさみにつけ、身《み》を守《まも》っている。 Q978 ② Q979 ① 水《みず》が下《した》に落《お》ちようとするが、厚紙《あつがみ》の下《した》からおし上《あ》げる空気《くうき》の圧力《あつりょく》の方《ほう》が大《おお》きい。 Q980 ○ Q981 Ⓐ…卵巣《らんそう》 Ⓑ…排卵《はいらん》 Q982 ② Q983 ①

右《みぎ》の図《ず》は、花《はな》のつくりだよ。A～Dは、それぞれ何《なん》という？

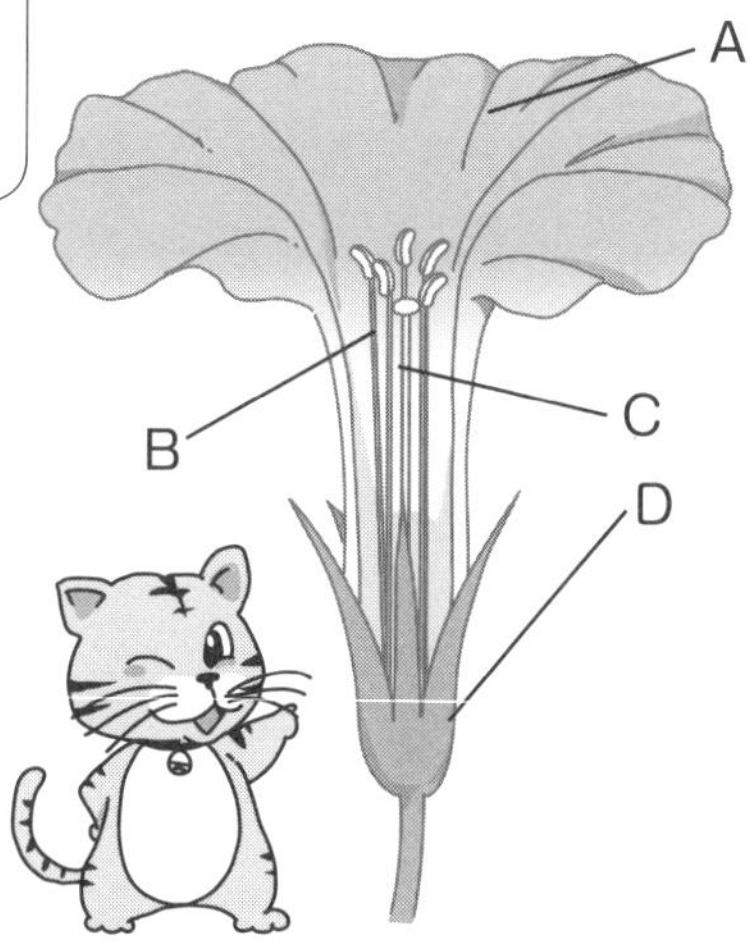

Q992

Aは何《なん》という？

Q993

Bは何《なん》という？

Q994

Cは何《なん》という？

Q995

Dは何《なん》という？

Q996

海底《かいてい》の地層《ちそう》を調《しら》べると、何《なに》がわかる？

① 昔《むかし》の気候《きこう》や火山活動《かざんかつどう》など
② 地球資源《ちきゅうしげん》の残《のこ》りの量《りょう》
③ 大地震《だいじしん》が起《お》きた回数《かいすう》

Q997

富士山《ふじさん》の頂上《ちょうじょう》で水《みず》を加熱《かねつ》すると、約何《やくなん》℃でふっとうする？

① 約《やく》88℃　② 約《やく》95℃
③ 約《やく》100℃　④ 約《やく》120℃

Q998

植物《しょくぶつ》は、昼《ひる》に光合成《こうごうせい》して二酸化炭《にさんかたん》素《そ》をとり入《い》れて酸素《さんそ》を出《だ》しているが、二酸化炭素《にさんかたんそ》も出《だ》している。○か×か？

Q999

「だるま落《お》とし」のように、下《した》のこまを木《き》づちでたたくと、上《うえ》のこまが真下《ました》に落《お》ちるしくみを何《なん》の法則《ほうそく》という？

① 落下《らっか》　② 慣性《かんせい》　③ 運動《うんどう》

Q1000

私《わたし》たち現代人《げんだいじん》の直接《ちょくせつ》の祖先《そせん》（ホモ・サピエンス）が誕生《たんじょう》したのは、今《いま》から何万年前《なんまんねんまえ》ごろ？

① 5万年前《まんねんまえ》ごろ
② 20万年前《まんねんまえ》ごろ
③ 100万年前《まんねんまえ》ごろ

マメ知識《ちしき》 Q998の植物《しょくぶつ》は、夜《よる》の間《あいだ》、光合成《こうごうせい》をしないで、酸素《さんそ》を取《と》り入《い》れて二酸化炭素《にさんかたんそ》を出《だ》している。

125ページの答《こた》え

Q984 ○…2008年《ねん》の観測《かんそく》で氷《こおり》や水《みず》があることがわかった。 Q985 月《つき》 Q986 ×…マスクメロンの果実《かじつ》(内部《ないぶ》)は表皮《ひょうひ》より成長《せいちょう》スピードが早《はや》いため、表皮《ひょうひ》がひび割《わ》れる。するとコルク成分《せいぶん》を分泌《ぶんぴつ》し、それが固《かた》まってあみ目《め》ができる。 Q987 ③ カップがテーブルをおす力《ちから》(重《おも》さ)と、テーブルがカップをおし返《かえ》す力《ちから》がつりあっているので、カップは静止《せいし》している。 Q988 ② 氷《こおり》の中《なか》で保存《ほぞん》されるので、ほかの大陸《たいりく》のように風化《ふうか》してしまうことがない。 Q989 ×…頭《あたま》まで心臓《しんぞう》で血液《けつえき》をおし上《あ》げる必要《ひつよう》があるので、ヒトよりも高血圧《こうけつあつ》なんだ。 Q990 ② Q991 ③

126ページの答《こた》え

Q992 花《はな》びら (花弁《かべん》) Q993 おしべ Q994 めしべ Q995 がく Q996 ① 海底《かいてい》の地層《ちそう》は、何十万年前《なんじゅうまんねんまえ》の火山活動《かざんかつどう》で降《ふ》った火山灰《かざんばい》や、昔《むかし》の気候条件《きこうじょうけん》でふえた微《び》生物《せいぶつ》などがふくまれ、おおむね年代順《ねんだいじゅん》に積《つ》もっている。それぞれの地層《ちそう》を調《しら》べれば、地球《ちきゅう》にどんな気候変動《きこうへんどう》が起《お》きたのか推定《すいてい》できる。 Q997 ① 標高《ひょうこう》が高《たか》い所《ところ》など気《き》圧《あつ》が低《ひく》い所《ところ》では、100℃以下《いか》でふっとうする。 Q998 ○…昼《ひる》でも二酸化炭素《にさんかたんそ》を出《だ》すが、酸素《さんそ》の方《ほう》がはるかに多《おお》く出《で》るので、二酸化炭素《にさんかたんそ》をとり入《い》れて酸素《さんそ》を出《だ》していることになる。 Q999 ② 力《ちから》を加《くわ》えなければ、静止《せいし》したものは静止《せいし》し続《つづ》ける。たたいたこまはとび出《だ》すけど、上《うえ》のこまとだるまは真下《ました》に落《お》ちるよ。 Q1000 ②

おもな参考文献

図解　理科100の新常識（青春出版社）／12才の脳がみるみる吸いこむ　どんどん知りたい科学の「なぜ」40（小学館）／10才までに知りたい！　なぜ？どうして？科学のふしぎ（小学館）／まんが子供科学技術白書学年版　理科ワールド探検隊３年(科学技術振興機構）／まんが子供科学技術白書学年版　理科ワールド探検隊４年(科学技術振興機構）／まんが子供科学技術白書学年版　理科ワールド探検隊５年（科学技術振興機構）／まんが子供科学技術白書学年版　理科ワールド探検隊６年（科学技術振興機構）／マンガでわかる！理科の実験でわかる！　最先端科学の本(日本文芸社）／まんが　アッ！とおどろく科学手品(金の星社）／知識の王様　科学　ボク＆わたし　知っているつもり？（ポプラ社）／ＮＨＫ子ども科学電話相談　ベストセレクション　親子で分かる！科学おもしろＱ＆Ａ(ＮＨＫ出版）／ポプラディア情報館　理科の実験・観察　物資とエネルギー編(ポプラ社）／小学理科か・ん・ぺ・き教科書　新しい教養のための理科　応用編Ⅰ(誠文堂新光社）／これだけは知っておきたい動物の大常識(ポプラ社）／観察と実験でもっとわかる!!　天気のしくみＱ＆Ａ（学習研究社）／21世紀こども百科大図解（小学館）／中学入試でる順理科1000　改訂版(旺文社）／理科年表(丸善)／日本百科大全書(小学館)／大百科事典(平凡社)／最新理科資料集(明治図書出版)　などのほか、
国立科学博物館のホームページ、各社の小・中学校理科教科書、資料集などを参考にさせていただきました。

※本書内のデータは2021年5月末日現在のものです。

【 編　集 】
学習理科クイズ研究会

【 編集協力 】
沼田博明

【 イラスト 】
堀口順一朗

【 本文デザイン 】
井上貴代
(isotope)

【 DTP 】
濱野健
濱野亜也
(ANGELICA JAPAN)

小学生の理科クイズ１０００　新装改訂版
楽しみながら学力アップ！

2021年　7月30日　　　第1版・第1刷発行
2024年　7月　5日　　　第1版・第3刷発行

著　者　学習理科クイズ研究会　(がくしゅうりかくいずけんきゅうかい)
発行者　株式会社メイツユニバーサルコンテンツ
　　　　代表者　大羽　孝志
　　　　〒102-0093 東京都千代田区平河町一丁目 1-8
印　刷　三松堂株式会社

 ISBN978-4-7804-2505-5　C8040　Printed in Japan.

ご意見・ご感想はホームページから承っております。
ウェブサイト　https://www.mates-publishing.co.jp/

企画担当：折居かおる

※本書は2017年発行の『楽しみながら学力アップ！小学生の理科クイズ1000』の改訂にあたり、内容を確認のうえ、新規問題への変更・加筆修正を行ったうえ、装丁を変更して発行しています。